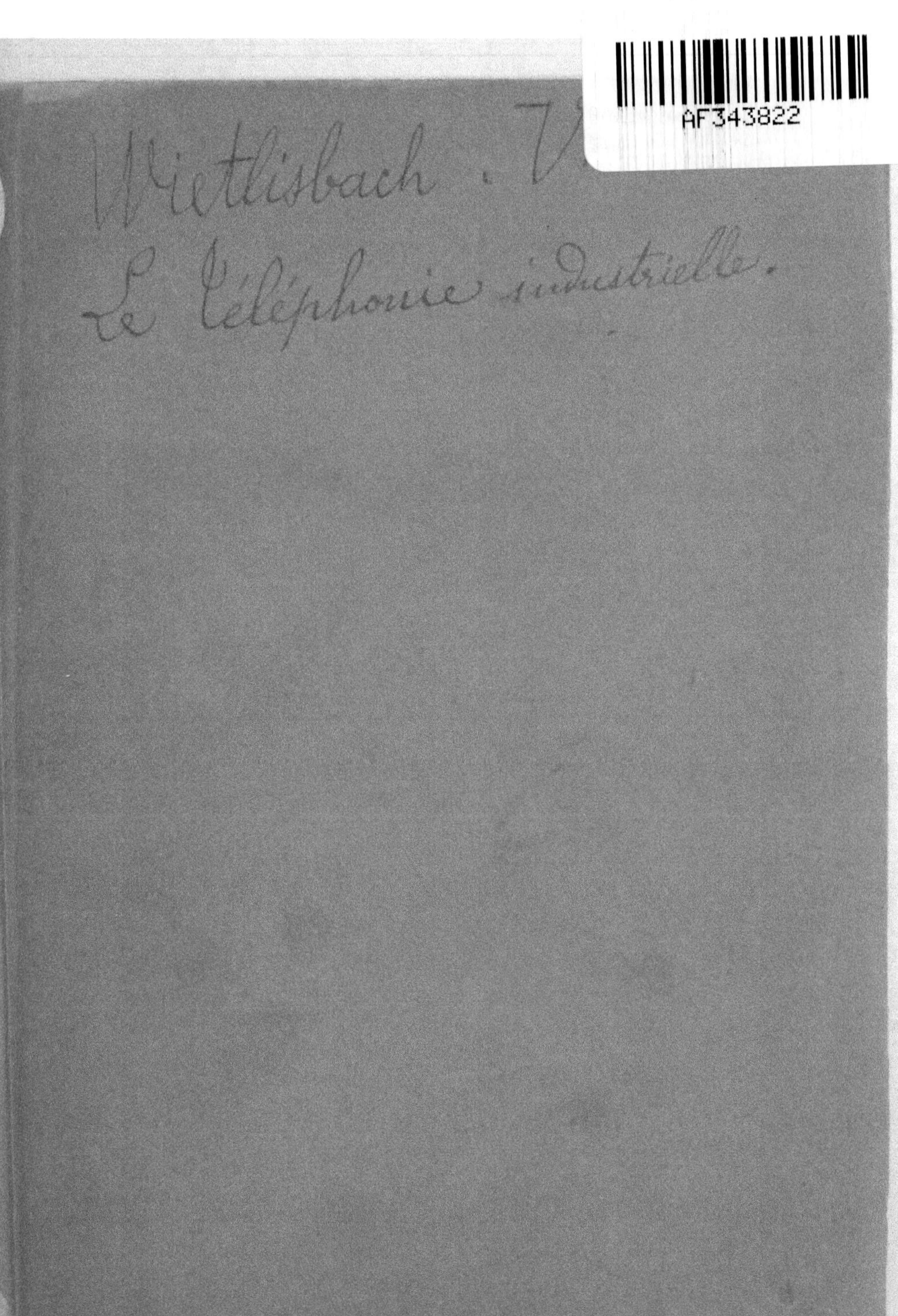
Wietlisbach. V
Le Téléphonie industrielle.

TRAITÉ

DE

TÉLÉPHONIE

INDUSTRIELLE

PAR

V. WIETLISBACH

DIRECTEUR DES TÉLÉGRAPHES A BERNE

ÉDITION FRANÇAISE

PAR B. MARINOVITCH

INGÉNIEUR DES ARTS ET MANUFACTURES

AVEC 123 FIGURES

PARIS

BERNARD TIGNOL, ÉDITEUR

45, QUAI DES GRANDS-AUGUSTINS, 45

BIBLIOTHÈQUE DES ACTUALITÉS INDUSTRIELLES. N° 17

TÉLÉPHONIE INDUSTRIELLE

TRAITÉ DE

TÉLÉPHONIE

INDUSTRIELLE

PAR

Le Dr V. WIETLISBACH

ÉDITION FRANÇAISE PAR B. MARINOVITCH
INGÉNIEUR DES ARTS ET MANUFACTURES

AVEC 123 FIGURES DANS LE TEXTE

PARIS
BERNARD TIGNOL, ÉDITEUR
45, QUAI DES GRANDS-AUGUSTINS, 45

1888

PRÉFACE

Le présent ouvrage a surtout pour objet de faire connaître l'état actuel de la téléphonie considérée au point de vue industriel. Nous nous sommes borné à mentionner parmi les appareils et les dispositifs très nombreux en téléphonie ceux qui, à notre connaissance, ont reçu une sanction pratique plus ou moins générale. — On ne trouvera dans les pages qui suivent aucun développement historique : l'histoire de la téléphonie a déjà fourni à M. Théod. Schwartze une ample matière pour le deuxième volume de cette même collection... Nous avons également laissé de côté toutes les applications accessoires si variées auxquelles se prête le téléphone : mesures électrodynamiques, étude des métaux avec la balance d'induction, expériences physiologiques, etc. Grâce à l'exiguïté extrême du cadre dans lequel je me suis à dessein enfermé, j'espère être arrivé à donner au moins aux questions qui intéressent principalement la téléphonie industrielle tout le développement qu'elles comportent.

Je dois citer parmi les publications qui m'ont été les plus utiles au point de vue des renseignements techniques, et surtout au point de vue des figures, l'*Elektrotechnische Zeitschrift*, le *Centralblatt für Elektrotechnik*, la *Zeitschrift für Elektrotechnik*, le journal *la Lumière Électrique*, l'*Electrical World*, et enfin, le *Traité de téléphonie* de Grawinkel.

L'AUTEUR.

TABLE DES MATIÈRES

INTRODUCTION

La téléphonie a résolu le problème de transporter électriquement la parole d'un point à un autre lorsque la distance entre ces points est trop considérable pour que la transmission des ondes sonores puisse se faire par l'air ou par tout autre moyen mécanique. — On ne connaît pas encore exactement la distance maxima à laquelle il est possible de transmettre ainsi la parole, car cette distance augmente de jour en jour en même temps que se perfectionnent les appareils et les lignes téléphoniques ; en l'état actuel, on peut cependant affirmer qu'elle est déjà de plusieurs centaines de kilomètres.

Une installation téléphonique simple comprend nécessairement trois parties :

1° Le *transmetteur* qui est soumis à l'action des ondes sonores et transforme celles-ci en énergie électrique.

2° La *ligne* qui véhicule l'énergie électrique, du point de transmission au point de réception.

3° Le *récepteur* qui reçoit l'énergie électrique véhiculée par la ligne et la transforme de nouveau en énergie mécanique, sous forme d'ondes sonores. Ces ondes sonores impressionnent le tympan de l'oreille de la même façon que feraient les ondes sonores recueillies par le transmetteur.

Ce qui donne surtout au téléphone une valeur réelle, c'est qu'il permet l'échange de communications verbales directes entre un grand nombre de personnes, alors même que ces personnes sont séparées par des distances de plusieurs kilomètres. — Il suffit que ceux qui désirent bénéficier de cette commodité énorme apportée aux transactions quotidiennes, soient reliés par des lignes électriques à un point central, où l'on disposera des appareils permettant de combiner, suivant le besoin, deux à deux toutes les lignes. — Il suit de là qu'une installation téléphonique complète comprend trois parties différentes :

1° Les *appareils de téléphonie* destinées à transformer en énergie électrique l'énergie mécanique des ondes sonores et réciproquement.

2° Les *lignes* qui relient les appareils entre eux et à un point central.

3° *L'aménagement du bureau central*, où viennent aboutir les différentes lignes et où elles doivent pouvoir être soudées arbitrairement les unes aux autres.

C'est également la division que nous adopterons dans le plan dec et ouvrage, et nous commencerons par nous occuper des appareils dont il est fait usage en téléphonie.

I. — LES APPAREILS TÉLÉPHONIQUES

a) Le téléphone.

L'appareil imaginé par Bell représente le téléphone dans sa forme la plus simple. Cet appareil se compose d'un barreau aimanté dont l'une des extrémités est terminée par une pièce de fer doux sur laquelle se trouve bobinée une grande longueur de fil de cuivre très fin. Devant le noyau de fer doux et sa bobine est disposée une membrane, qui est une mince plaque de tôle, circulaire, encastrée sur son bord. Sous l'influence de l'aimant qui lui fait face, cette membrane devient elle-même un aimant. Une attraction s'exerce donc entre la membrane et le noyau de fer doux, attraction plus ou moins énergique, suivant que le magnétisme du noyau est lui-même plus ou moins énergique. Si l'on fait passer un courant à travers la bobine qui entoure le noyau, ce courant aura pour effet de renforcer ou de diminuer, suivant sa direction, le magnétisme du noyau. Dans le premier cas, la membrane est attirée plus énergiquement et s'approche du noyau ; dans le second cas, l'attraction diminue en même temps que le magnétisme du noyau, la membrane se déplace encore, mais en sens inverse. Supposons que l'on fasse passer dans la bobine un courant, dont les interruptions se succèdent à des intervalles courts et réguliers, ce qui est facile à réaliser en plaçant dans le circuit un diapason électromagnétique. A chaque fermeture

du circuit correspondra un accroissement de magnétisme
dans le noyau, c'est-à-dire une attraction de la membrane,
tandis qu'à chaque rupture du circuit il y aura diminution
de magnétisme, c'est-à-dire répulsion de la membrane. La
membrane se trouvera donc animée d'un mouvement vibratoire et accomplira évidemment le même nombre d'oscillations par seconde que le diapason ; il suit de là qu'elle
produira le même son musical que le diapason. Rien
n'empêche d'allonger le fil qui réunit le diapason au télé-

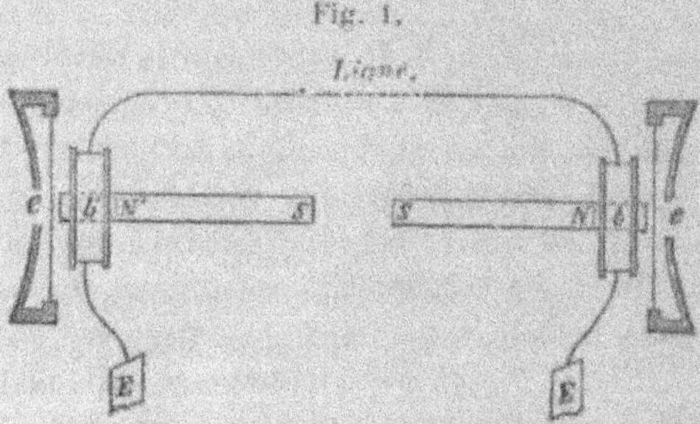

Fig. 1.

phone, rien n'empêche de lui donner plusieurs kilomètres de
longueur et l'on aura ainsi réalisé le transport à une distance
quelconque de l'énergie mécanique engendrée par les vibrations du diapason. Si l'on remplace le diapason par un
deuxième téléphone, ainsi que cela est indiqué sur la figure
1, on pourra mettre en mouvement la membrane de ce
dernier par les vibrations de l'air.

Les recherches de Helmholtz ont montré que les vibrations sonores de l'air étaient formées de vibrations semblables à celles que produit le diapason. Un son complexe,
comme ceux qui interviennent dans la parole humaine,
résulte de la combinaison de plusieurs vibrations simples,
de hauteur et d'intensité différentes. Lorsqu'il s'agit de
transmettre un son simple qui consiste en une vibration

sinusoïdale, la membrane est animée d'un mouvement de va-et-vient correspondant au son considéré. Les distances d'un point quelconque, comptées à partir de la position d'équilibre, sont représentées, en fonction du temps, par la courbe *a b* de la figure 2. Dans ce mouvement la membrane s'approche et s'éloigne alternativement du noyau de fer doux. Mais comme elle est elle-même polarisée, ce déplacement relatif a pour effet d'augmenter et de diminuer le magnétisme du noyau de fer doux. Ces variations de magnétisme provoquent, à leur tour, dans le fil qui enveloppe le noyau de fer, des courants induits dont l'intensité est en rapport avec l'amplitude des variations de magnétisme. Le courant induit sera, par exemple, dirigé de gauche à droite pendant que la membrane s'approche du noyau et de droite à gauche pendant qu'elle s'en éloigne. L'intensité varie avec la vitesse du déplacement ; elle est maxima

Fig. 2.

lorsque la membrane passe par sa position d'équilibre et minima, pour les positions extrêmes, lorsque le mouvement de la membrane change de sens ; c'est aussi à ce moment que la direction du courant change. Si l'on voulait représenter graphiquement les variations de l'intensité, on serait conduit à une courbe de même allure que la courbe de la figure 2. Le temps, exprimé en fractions de secondes, nécessaire à la membrane pour revenir à une même position limite s'appelle, dans le mouvement considéré, la *durée de vibration*. L'inverse du nombre qui exprime cette durée est le *nombre de vibrations*, et représente le nombre d'ondes électriques par seconde. Le plus grand gauchissement de la membrane ou la plus grande valeur de l'intensité se nomme l'*amplitude* ; enfin, le temps où l'intensité passe pour la première fois par la valeur zéro est la *phase* du mouvement. La phase est une grandeur tout à fait relative, puisqu'elle représente la différence de temps entre une origine des temps arbitrairement choisie et l'origine du mouvement.

Le courant ondulatoire engendré dans le premier téléphone par les vibrations de la membrane est véhiculé par la ligne jusqu'au deuxième téléphone. Là les variations d'intensité de ce courant renforcent et affaiblissent alternativement le magnétisme du noyau de fer doux. La membrane, soumise à une attraction qui varie avec le magnétisme du noyau, s'approche, puis s'éloigne constamment de celui-ci et se trouve ainsi animée de vibrations semblables à celles de la membrane du premier téléphone. Cependant les mouvements des deux membranes ne sont pas absolument pareils. La membrane du deuxième téléphone, du *récepteur*, passe le plus près possible du noyau de fer doux, au moment où l'intensité du courant est maxima ; or, c'est le moment où la membrane du premier téléphone, du *transmetteur*, est animée de sa vitesse maxima, c'est-à-dire le moment où elle traverse sa position d'équilibre. Le mouvement de l'une des membranes est donc toujours en retard d'un quart de longueur d'onde sur celui de l'autre. Mais comme le son perçu par l'oreille est indépendant de la phase du mouvement et ne dépend que de la hauteur et de l'intensité, cet écart ne saurait avoir aucune influence sur la transmission.

Ce qu'il y a de remarquable dans le phénomène que nous venons de décrire, c'est que les rôles des appareils peuvent être renversés : le même appareil qui servait tout à l'heure de transmetteur est apte à fonctionner comme récepteur. Il est, par conséquent, aussi propre à transformer l'énergie mécanique en énergie électrique qu'à accomplir la transformation inverse, et, considéré à ce point de vue, il rentre dans la catégorie des machines dites *réversibles*.

Lorsque plusieurs vibrations simples, harmoniques ou sinusoïdales sont combinées ensemble, comme cela a lieu pour tous les sons complexes de la parole humaine, il y a superposition des différents mouvements et chaque partie constituante du son résultant se propage absolument comme si elle était toute seule.

Dans toutes les considérations qui précèdent, nous avons admis, comme point de départ, que la transformation des ondes électriques en ondes sonores se faisait par l'intermédiaire des vibrations dont la membrane est nécessairement animée, et cette façon d'envisager les choses est évidemment exacte. On peut cependant concevoir un autre mode de transmission que l'on désigne sous le nom de *résonance*. Tout le monde sait qu'un barreau de fer soumis à une succession rapide d'aimantations et de désaimantations rend un son. C'est sur ce principe qu'est basé le téléphone de Reis. Le téléphone de Reis se compose d'un barreau de fer doux mince servant de noyau à une bobine de fil de cuivre ; si l'on fait passer dans cette bobine un courant à alternances rapides, le barreau se met à vibrer ; les vibrations sont recueillies par une caisse sonore qui les renforce et les transmet à l'air ambiant. Ce phénomène peut s'expliquer par le mouvement des molécules de fer qui sont dirigées dans un certain sens, toutes les fois que le barreau est aimanté et reviennent à leur position première au moment de la désaimantation ; de cette vibration résulte pour tout le barreau un état de mouvement qui consiste en une succession rapide de petits ébranlements.

Si, dans un téléphone Bell, on enlève la membrane, on entend également un son faible produit par le noyau de fer et en partie aussi par la bobine ; mais ce son est si faible qu'il disparaît complètement à côté des vibrations de la membrane. Il n'en a pas moins joué un certain rôle, plus d'une fois. Plusieurs inventeurs, dont les téléphones étaient censément basés sur ce principe, ont en effet cherché à s'en faire un pont pour entrer dans le *Patentamt*.

Si l'on considère une transmission téléphonique réalisée au moyen de deux appareils absolument pareils, on peut décomposer cette transmission en sept périodes successives :

1º Les ondes sonores de l'air viennent heurter la membrane du téléphone et la mettent en vibration.

2º La membrane modifie dans son mouvement vibratoire le champ magnétique du téléphone considéré.

3º Les variations du champ magnétique donnent naissance à des courants induits dans la bobine du téléphone A.

4º Les courants induits sont véhiculés, par un fil en fer ou en cuivre, du téléphone A au téléphone B.

5º Dans le téléphone B, les courants induits provoquent des variations de l'intensité du champ magnétique.

6º Ces variations dans le champ magnétique mettent en vibration la membrane du téléphone B.

7º Les vibrations de la membrane produisent au point B des ondes sonores qui se propagent jusqu'au tympan de l'oreille.

Pour que la transmission téléphonique soit parfaite, il faut que les ondes sonores en A et en B soient équivalentes, c'est-à-dire qu'elles affectent l'oreille d'une façon absolument identique. Pour qu'il en soit ainsi, trois conditions différentes doivent être satisfaites.

Il faut tout d'abord que, dans l'un et l'autre endroit, le mouvement vibratoire de l'air résulte des mêmes vibrations simples. Si le mouvement en A résulte, par exemple, de l'action simultanée de trois ondes pour lesquelles les nombres de vibrations soient 100, 200 et 300, il faut que le mouvement vibratoire au point B se décompose en ces mêmes ondes simples.

En second lieu, les amplitudes des différentes ondes simples doivent présenter entre elles le même rapport, c'est-à-dire que les amplitudes des ondes en B doivent être inférieures à celles des ondes en A d'une même quantité constante. Ce facteur sera plus ou moins grand suivant la qualité de la ligne et des appareils.

Ces deux conditions découlent des principes élémentaires, introduits par Helmholtz dans la théorie de la perception des sons, principes en vertu desquels un son complexe est caractérisé par la hauteur et l'intensité des sons simples qui le composent.

Il nous reste encore une troisième condition à mentionner. Les ondes simples qui, en A, appartiennent à un même son complexe doivent parvenir simultanément en B et être *simultanément* reproduites par la membrane, ou en d'autres termes il faut que les phases de toutes les ondes en B soient égales à celles des ondes en A. S'il n'en était pas ainsi, il pourrait arriver qu'un son simple qui en A, faisait partie d'un son complexe donné, subît, en vertu de son caractère particulier, un certain retard sur les autres sons et se trouvât entrer en B dans la composition d'un nouveau son complexe ; ceci aurait évidemment pour effet d'altérer le premier aussi bien que le deuxième son complexe transmis.

Pour savoir si ces trois conditions peuvent être satisfaites, il nous faut examiner de plus près les forces qui entrent en jeu dans la transmission que nous étudions.

Nous avons considéré précédemment sept périodes successives dans la transmission téléphonique ; pour que le premier et le dernier phénomène s'accomplissent dans de bonnes conditions, il faut faire choix d'une membrane aussi homogène que possible et très mobile, en sorte qu'elle puisse facilement suivre les mouvements des particules d'air. Mais il faut encore que cette membrane n'exécute *que* les mouvements qui lui sont imprimés par les vibrations sonores et qu'elle n'ait point de déplacements propres comme cela serait le cas si son élasticité était trop grande. La plupart des membranes ne satisfont à cette condition que pour les vibrations de très petite amplitude.

La condition que nous venons de définir, relative à la qualité de la membrane, est d'ordre purement mécanique. Les autres conditions se rapportent au champ magnétique et à l'état électrique de la ligne.

Considéré au point de vue électrique, le téléphone se compose d'un champ magnétique, d'une bobine d'induction et d'une membrane; il importe avant tout de bien combiner ces différents éléments.

Le champ magnétique n'est pas simple. Il est formé par l'aimant permanent, avec son noyau en fer doux, par la membrane en fer qui, sous l'influence de l'aimant, se polarise également et enfin par le courant qui circule à travers les spires de la bobine. De ces trois causes qui agissent simultanément, deux sont variables avec le temps; l'influence de l'aimant permanent demeure seule constante. Il est à remarquer que les deux premières causes dépendent l'une de l'autre. Si le téléphone est employé comme transmetteur, c'est le mouvement de la membrane qui est la cause première du courant dans la bobine. Si l'appareil est, au contraire, employé comme récepteur, les rôles sont renversés : le courant est la cause et le mouvement de la membrane l'effet. Au point de vue de l'efficacité du téléphone, il est excessivement important de savoir comment varie l'intensité du champ magnétique, c'est-à-dire la distribution des lignes de force lorsque l'une des variables du problème se modifie. Pour que le téléphone fonctionne bien, il faut que les ondes électriques produites par les mouvements de la membrane soient exactement proportionnelles aux amplitudes de ces mouvements, ou inversement que ceux-ci soient exactement proportionnels aux amplitudes

des ondes électriques qui traversent la bobine suivant que l'appareil fait office de transmetteur ou de récepteur. C'est dans ce cas seulement que le timbre peut se conserver.

Cette condition ne saurait être satisfaite que si, pendant le mouvement de la membrane, toutes les parties de celles-ci se déplacent dans un champ magnétique homogène. Les forces de l'induction sont alors proportionnelles aux déplacements de la membrane. Lorsque les mouvements de la membrane sont très petits, on peut presque toujours admettre que cette condition est réalisée. Mais on n'a plus le droit de faire cette hypothèse dès que l'amplitude des vibrations devient plus grande, comme cela a lieu pour tous les téléphones qui parlent très fort. La membrane se meut alors dans un champ magnétique plus intense lorsqu'elle s'approche du noyau de fer doux que lorsqu'elle s'en éloigne et, par suite, elle induit un courant plus fort dans la première période que dans la seconde. Il est extrêmement difficile de construire des téléphones qui parlent à haute voix tout en reproduisant le timbre. Tous les appareils de ce genre construits jusqu'à présent altèrent la voix plus ou moins, en partie pour la raison qui précède, et en partie aussi parce que les vibrations propres de la membrane ont une importance trop grande.

Une autre condition relative au champ magnétique nous est fournie par la considération suivante :

Lorsque la membrane se meut, l'intensité du champ magnétique se modifie en général. Dans certaines parties, cette intensité est accrue, dans d'autres diminuée. L'essentiel est de savoir comment se modifie la région du champ où est placée la bobine. Le reste nous importe peu. Si l'intensité dans cette région est affaiblie lorsque la membrane s'approche de la bobine, le mouvement induit un courant, tel que, s'il agissait seul, il repousserait la membrane. Si, au contraire, le champ magnétique est renforcé, le courant qui prend naissance est tel que, s'il agissait seul, il attirerait la membrane. Entre ces deux cas se place celui où le champ ne se modifie pas du tout et où le téléphone est complètement insensible. Des deux autres cas, c'est évidemment le dernier qui est le plus avantageux, car alors la bobine et la membrane agissent dans le même sens. La membrane en s'approchant induit dans la bobine un courant qui donne au noyau une polarité telle que celui-ci attire encore davantage la membrane ; par ce fait, la sensibilité du téléphone se trouve augmentée. Comme d'ailleurs toutes les variations sont proportionnelles aux amplitudes des mouvements de la membrane, cette amplification n'a aucune influence sur la qualité de la transmission.

Dans le premier cas, la membrane et la bobine d'induction agiraient en sens contraire et il en résulterait un affaiblissement dans la sensibilité de l'appareil. L'expérience montre que l'on est dans les meilleures conditions en plaçant la bobine un peu au-dessus du pôle de l'aimant et dans le voisinage de l'axe de ce même aimant. La force de l'aimant permanent et les dimensions de la membrane ont également une très grande importance. On peut, à ce point de vue, distinguer deux cas extrêmes.

Si l'aimant est très fort et la membrane tout à fait mince, celle-ci n'exerce sur le champ magnétique presque aucune influence et les lignes de force la traversent sans déviation. La membrane devient alors un aimant transversal ; le côté qui fait face au pôle nord de l'aimant permanent devient un pôle sud et l'autre côté un pôle nord. La figure 3ᵉ montre quelle est, dans ce cas, la distribution des lignes de force. Les choses se passent tout autrement lorsque la membrane est capable de dévier et d'attirer à elle la majeure partie des lignes de force. La membrane devient alors un aimant annulaire. Le centre forme un pôle sud et le bord a une polarité de nom contraire, ainsi que le montre clairement la figure 3ᵇ. Il reste maintenant à déterminer lequel des deux cas est le plus avantageux. A cet effet, nous allons considérer les potentiels magnétiques des masses aimantées et nous en déduirons, par le calcul, les attractions, qui

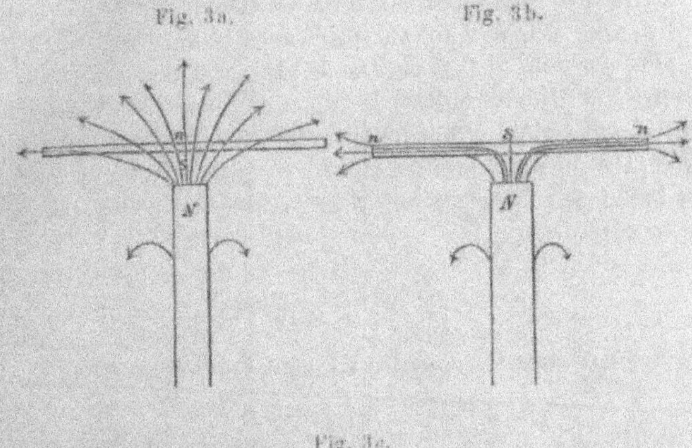

Fig. 3a.   Fig. 3b.

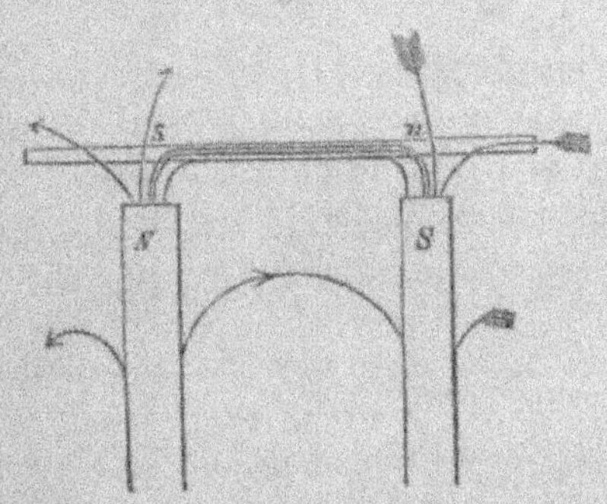

Fig. 3c.

s'exercent entre la membrane et le noyau de fer doux. On peut, avec une approximation suffisante, remplacer l'action de la bobine sur la membrane par celle d'un pôle magnétique situé dans l'axe du noyau de fer. Ce pôle a une intensité variable et sa position même dans l'espace change, à rigoureusement prendre les choses ; mais pour la solution du problème qui nous occupe, on peut très bien admettre que cette position est fixe. Nous désignerons par N la masse magnétique au pôle nord du noyau de fer, pôle dont l'intensité et la position varient toutes deux, par $+n-n$, les masses magnétiques aux pôles nord et sud de la membrane, par r la distance entre le pôle N et la membrane, et par l la distance polaire de la membrane supposée transversalement aimantée (cette distance est sensiblement égale à l'épaisseur de la membrane). Le potentiel magnétique de la membrane, par rapport à l'aimant permanent, a alors pour expression :

$$P = \frac{N n l}{r (r + l)}$$

et la force magnétique entre l'aimant et la membrane est :

$$\frac{dP}{dr} = - \frac{N n (2r + l) l}{(r + l)^2 r^2}.$$

Pour une membrane qui est annulairement aimantée, il suffit de considérer l'action du pôle placé au centre, la masse magnétique répartie sur la circonférence étant à une trop grande distance du pôle N ; le bord se trouve d'ailleurs encastré. Le potentiel magnétique est dans ce cas :

$$P = \frac{N n}{r}$$

et la force magnétique entre l'aimant et la membrane

$$\frac{dP}{dr} = - \frac{N n}{r^2}.$$

Si l'on compare ces deux forces, on reconnaît que l'aimant annulaire a une action beaucoup plus énergique que

l'aimant transversal ; les forces sont, en effet, entre elles à
peu près dans le rapport de l à r, l étant au moins dix fois
plus petit que r.

Il faut donc s'attacher à éviter l'aimantation transversale
de la membrane. C'est cette considération qui semble avoir
inspiré les différentes formes de téléphones imaginées jusqu'à ce jour.

Dans le téléphone ordinaire de Bell, on satisfait à la condition précédente par un choix et un réglage convenables
de l'aimant et du noyau en fer. Le mo-
dèle le plus répandu de cet appareil se
compose d'un aimant permanent formé
par un faisceau de quatre lames prismatiques de 115 millimètres de longueur,
assemblées au moyen de vis. Les pôles
sont constitués par deux cylindres en fer
très doux, munis d'oreilles et vissés sur
le faisceau des quatre lames aimantées.
L'une des pièces polaires sert de noyau
à la bobine dont le fil a un diamètre de
0,16 millimètre. La résistance électrique
de cette bobine est de 100 ohms environ.
La membrane, qui est une tôle de fer
doux, a 57 millimètres de diamètre et un
quart de millimètre d'épaisseur. Le système entier est enfermé dans une gaine
en ébonite noire ; un couvercle de même

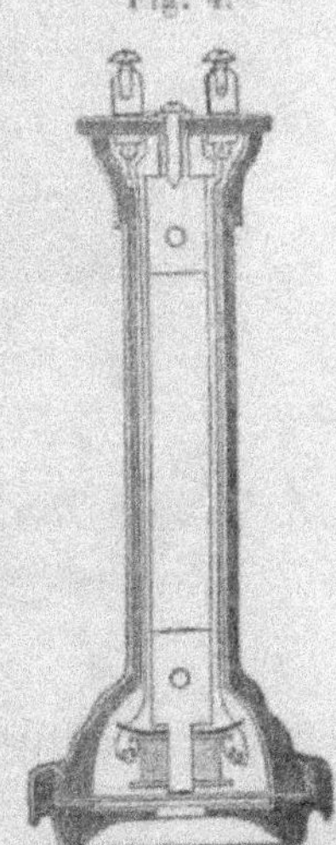

Fig. 4.

matière, vissé sur la gaine, maintient la membrane en
place. Pour prévenir le déplacement de l'aimant, on remplit ordinairement la boîte avec de la paraffine peu fusible.
La figure 4 représente une coupe longitudinale du téléphone que nous venons de décrire.

La figure 5 est la coupe d'un téléphone connu sous le
nom de *Ponny-Telephon*. Sur notre dessin, m représente

l'aimant permanent courbé en demi-cercle, ab le noyau en fer
doux, b la bobine, cc la membrane et e l'embouchure.
Ce téléphone est remarquable par son faible poids qui n'excède pas 200 grammes. Il est surtout d'un usage répandu
dans les bureaux centraux où les employés, obligés d'avoir
presque constamment les téléphones à la main, seraient trop
fatigués par la manipulation d'appareils lourds.

M. d'Arsonval a recours à un dispositif particulier pour
obtenir la polarisation annulaire de la membrane. Ainsi
que le montre la figure 6, l'aimant m affecte presque la

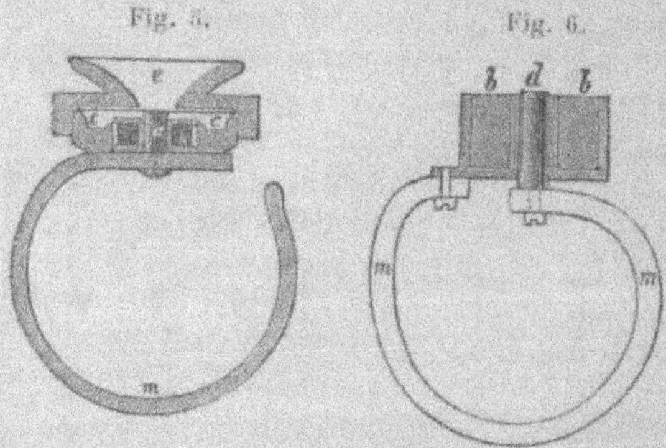

forme d'un cercle. L'un des pôles porte le noyau en fer
doux d. Ce noyau est lui-même placé au centre d'une boîte
en tôle de fer qui, d'une part, sert de logement à la bobine b
et, d'autre part, se trouve reliée au second pôle de l'aimant
m. Le pourtour de la boîte reçoit donc une aimantation
de nom contraire à celle du noyau et, comme la membrane
repose sur le bord de la boîte, il se trouve que sa circonférence et son centre ont également des aimantations de
noms contraires.

C'est par un dispositif analogue que Phelps obtient
l'aimantation annulaire de la membrane dans son téléphone

à couronne. La figure 7 est une vue perspective de cet
appareil dans lequel six aimants recourbés en arcs de cercle
ont tous leur pôle nord tourné vers le centre de la membrane et leur pôle sud fixé sur une bague en fer doux qui
sert de siége à la membrane.

Le moyen le plus fréquemment employé pour éviter l'aimantation transversale de
la membrane consiste à
disposer en regard de celle-
ci les deux pôles d'un aimant en fer à cheval, dont
chaque branche porte une
bobine. La figure 3ᵉ de la
page 13 montre quelle est
dans ce cas la distribution
des lignes de force. Il se
développe dans la mem-

Fig. 7.

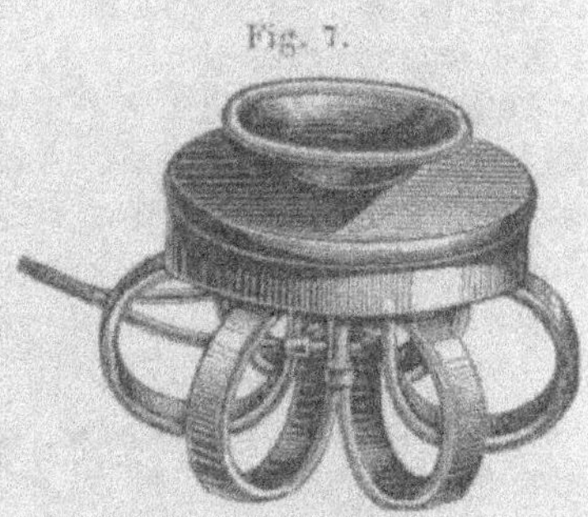

brane, en face de chacun des pôles de l'aimant, un pôle
de nom contraire ; les forces qui entrent en jeu ont donc
deux points d'application ; seulement ces points, au lieu d'être
placés au centre de la membrane, sont disposés excentrique-
ment. Ceci n'est pas avantageux. On sait, en effet, qu'une
membrane que l'on fait vibrer est capable de donner toute
une série de sons caractérisée par différentes lignes nodales.
Or il est à présumer que, dans le cas qui nous occupe, cas
où la membrane vibre sous l'action de deux forces excentri-
quement appliquées, les sons produits seront ceux dont les
ventres passent par ces points d'application. Il en résul-
tera une altération du timbre dès que les vibrations de la
membrane dépasseront une certaine amplitude. Les téléphones avec aimants en fer à cheval parlent presque toujours
relativement fort, mais la voix n'est jamais aussi claire que
dans les téléphones qui n'ont qu'un aimant droit. Ils
sont surtout aptes à servir de transmetteurs, attendu que,

dans ce cas, les vibrations libres de la membrane sont détruites ou du moins fortement amorties ; ils sont beaucoup meilleurs pour la transmission que les téléphones unipolaires dont les petites membranes ont trop peu de fer pour pouvoir, par leurs vibrations, induire de forts courants. — Les aimants en fer à cheval donnent en général un champ magnétique très intense et ceci permet d'employer une membrane relativement épaisse.

Celle-ci sera d'ailleurs, toujours par suite des nécessités de la construction mécanique, plus grande que la membrane d'un téléphone unipolaire et ses déplacements induiront forcément dans le fil de la bobine des courants plus forts.

Parmi les téléphones que nous pouvons appeler bipolaires, le plus connu est celui de Siemens, dont la figure 8 donne une vue et une coupe. Les deux pièces polaires $s\,s$ sont vissées sur les branches de l'aimant en fer à cheval mm. Ces pièces polaires sont solidaires de deux noyaux, de forme ovale $u\,u$, autour desquels s'enroule le fil des bobines. Deux planchettes en bois, assemblées au moyen de vis avec l'aimant mm, servent à guider et à isoler les fils qui relient les circuits des bobines avec les bornes placées sur le bloc en bois i ; c'est à ces bornes que vient s'attacher le cordon souple qui fait communiquer l'appareil avec le circuit intérieur. Ce même bloc de bois sert de support à l'aimant permanent maintenu en place par la vis g ; le tout est enfermé dans un tube en tôle. Une embouchure en bois ab termine la boîte et sert de logement à la membrane. On peut régler la distance entre la membrane et les noyaux de fer doux $u\,u$ en déplaçant plus ou moins, suivant la verticale, l'aimant permanent au moyen de la vis g. Voici comment se fait ce réglage : on commence par serrer la vis jusqu'à amener l'aimant au contact de la membrane. On tourne ensuite la vis de droite à gauche et en même temps on écoute dans le téléphone jusqu'au

moment où l'on entend un *clac* qui indique le décollement
de la membrane. Il suffit de tourner alors la vis de quelques
degrés dans le même sens pour atteindre le point de sensibilité maxima. L'élasticité de la membrane et le champ
magnétique se modifient avec le temps, aussi faut-il recom-

Fig. 8.

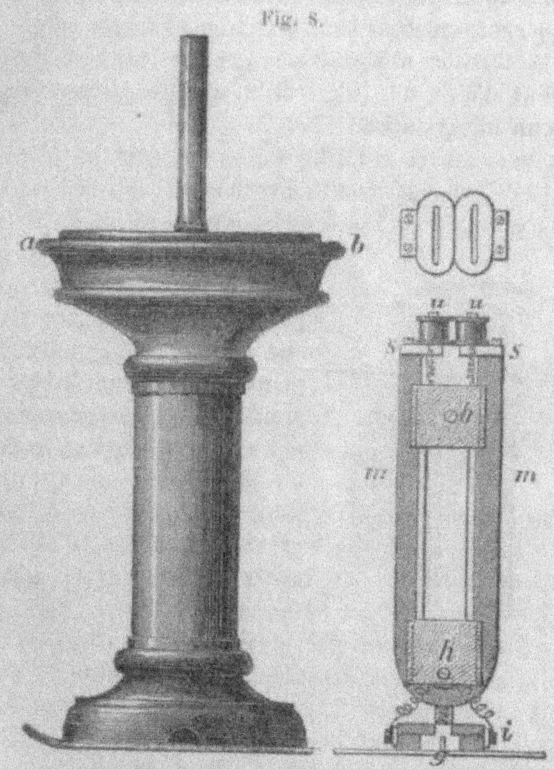

mencer ce réglage de temps à autre. — Il y a également
lieu de remarquer que le réglage est différent suivant que
l'appareil doit servir de récepteur ou de transmetteur. Dans
le premier cas la membrane sera placée aussi près que

possible des pièces polaires ; dans le second cas, il faudra
l'éloigner davantage, afin d'éviter que l'adhérence de la
membrane aux noyaux ne vienne gêner les vibrations de
celle-ci. Le dispositif de réglage a été un peu modifié
dans les derniers modèles du téléphone Siemens ; au lieu
d'agir sur l'aimant, on déplace la membrane en tournant
dans un sens ou dans l'autre la bague en bois où elle est
encastrée. Comme récepteurs, ces appareils présentent l'inconvénient d'être un peu lourds ; chaque téléphone pèse
en effet un kilogramme.

Pour que l'on ne soit pas obligé de tenir le téléphone
à l'oreille, Gower a imaginé d'attacher à l'appareil un tube
acoustique souple de 1 à 3 mètres de longueur. La figure 9
montre l'intérieur de ce télé-
phone, le couvercle étant supposé enlevé, et la figure 10 une
vue de l'appareil complet. L'aimant NOS a une forme particulière, qui s'écarte des modèles ordinaires, et est enfermé dans une boîte métallique
ronde et plate. Le tube flexible
est vissé au milieu du couvercle
en face du centre de la membrane.

Fig. 9.

Ader a construit un téléphone de forme élégante et de
dimensions relativement petites. Sur les figures 11 et 12,
qui sont une vue perspective et une coupe de l'appareil Ader,
m représente l'aimant permanent recourbé en cercle, b
les bobines et c la membrane. Pour obtenir, malgré les
faibles dimensions des pièces, une grande sensibilité, M. Ader
dispose en face de l'aimant une armature annulaire en fer
doux $a\,a$. L'anneau $a\,a$, qui se polarise sous l'influence de
l'aimant permanent, a pour effet de concentrer les lignes de

force du champ magnétique ; celles-ci traversent donc en plus grand nombre la membrane et la sensibilité de l'appareil se trouve ainsi augmentée. Le téléphone Ader est un très bon récepteur, mais on ne peut l'employer comme transmetteur, car les mouvements de la membrane sont trop petits pour provoquer des courants induits appréciables.

Les conditions auxquelles doit satisfaire un téléphone ne sont pas les mêmes suivant que ce téléphone est destiné à servir de transmetteur ou de récepteur, bien qu'à la rigueur le même appareil puisse remplir les deux fonctions. Trois éléments différents sont en effet à considérer : tout d'abord les forces intérieures E, dues à l'élasticité de la membrane, qui tendent à maintenir celle-ci dans sa position d'équilibre ; puis les forces électromagnétiques M entre la membrane et le noyau en fer doux ; enfin les forces provenant du choc contre la membrane des molécules d'air en mouvement, forces dont nous représenterons la grandeur par L.

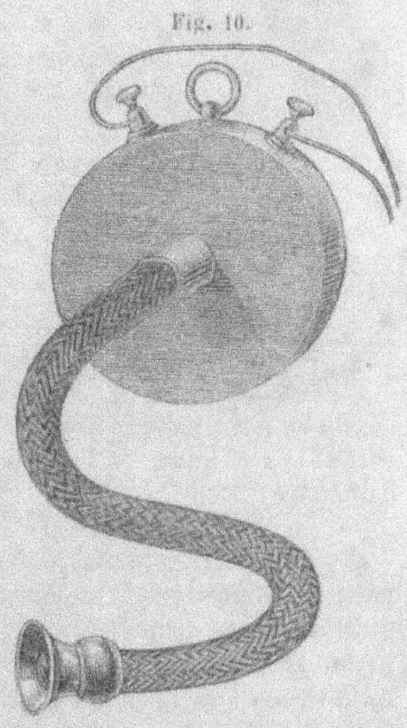
Fig. 10.

Lorsque le téléphone est employé comme transmetteur, la force qui tend à mettre la membrane en mouvement, ou la force motrice, est due à l'énergie des ondes sonores qui viennent frapper cette membrane ; les forces résistantes

proviennent de l'élasticité de la membrane et de l'induction
électromagnétique. On a donc :

$$L = M + E.$$

Lorsque le téléphone est, au contraire, employé comme
récepteur, une certaine quantité d'énergie électrique est

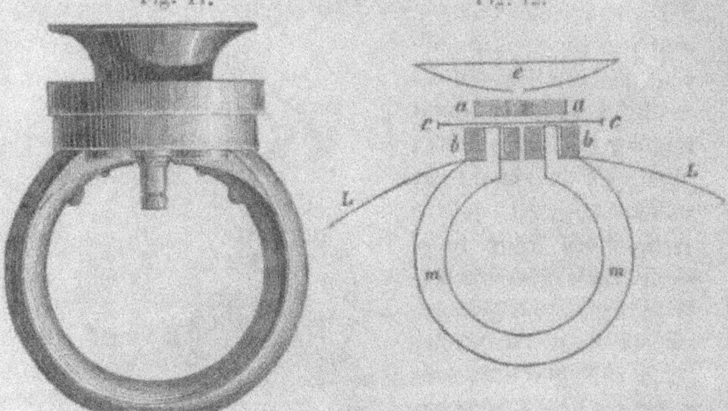

dépensée pour vaincre l'élasticité de la membrane d'une
part et la résistance de l'air d'autre part. Dans ce cas, on
doit écrire :

$$M = L + E.$$

Il y a dans les deux cas tout avantage à réduire le plus
possible l'élasticité de la membrane, car la quantité d'énergie
qu'elle absorbe est toujours de l'énergie dépensée en pure
perte. Il faut cependant se garder d'aller trop loin dans
cette voie. Si la membrane est trop molle, elle s'infléchit
à l'état de repos sous l'action de l'aimant et ne tarde pas à
se déformer d'une façon permanente. On doit alors procéder à un nouveau réglage pour rendre au téléphone sa
sensibilité normale ; celle-ci ne se conserve d'ailleurs qu'un
certain temps au bout duquel la membrane se déforme de
nouveau. En général, il suffira de retourner la membrane

de temps en temps, lorsque la déformation sera devenue trop considérable.

Dans tous les cas, même lorsqu'on se place dans les conditions les plus avantageuses, le récepteur ne restitue que quelques centièmes de l'énergie que les ondes sonores communiquent au transmetteur, en sorte que le rendement du téléphone est extrêmement faible.

Parmi les différents phénomènes qui entrent en jeu dans la transmission téléphonique et que nous avons détaillés aux pages 8 et 9, il en est un que nous n'avons pas encore examiné de près : je veux parler du passage du courant de l'appareil A à l'appareil B. Il nous reste à voir comment se propagent les ondes électriques dans la ligne. A cet effet, considérons un circuit électrique formé par deux téléphones qui sont reliés l'un à l'autre par deux fils métalliques. — Nous désignerons par R la résistance totale du circuit, par Q le coefficient de self-induction du circuit entier, coefficient de self-induction des deux bobines y compris les masses de fer qu'elles renferment, par n le nombre de vibrations du son transmis et enfin par A l'amplitude des vibrations du transmetteur. Les lois établies par Neumann pour l'induction électrodynamique permettent de calculer l'amplitude a des vibrations du récepteur, amplitude dont la valeur est :

$$a = \frac{A}{Q\sqrt{\left(1 + \frac{R}{2\pi n Q}\right)^2}}$$

La phase φ des vibrations imprimées à la membrane du deuxième téléphone est, par rapport à celle des vibrations du premier téléphone :

$$\operatorname{tg}\varphi = \frac{R}{2\pi n Q}$$

Le nombre des vibrations n figure au dénominateur de l'expression précédente et, comme ce dernier diminue lorsque n augmente, il en résulte que l'amplitude croît en même temps que n. Ceci montre que les sons élevés sont reproduits avec plus de force que les sons bas et que la transmission n'est pas parfaite. Le timbre dépendant en effet de l'intensité du son principal et des différents harmoniques qui l'accompagnent, se trouvera évidemment altéré en même temps que le rapport de ces intensités. A côté du nombre des vibrations n, nous voyons figurer, dans l'équation qui précède, la résistance R de la ligne ; cette résistance entre précisément dans le même terme que n, mais comme numérateur de la fraction ; il est donc facile de voir que l'inconvénient qui vient d'être mis en évidence, diminue à mesure que la ligne devient plus courte. Mais en même temps cet inconvénient croît très vite avec la longueur de la ligne.

Le tableau ci-dessous permet de se rendre compte des variations de l'expression $\dfrac{1}{\sqrt{1+\left(\dfrac{r}{2\pi n}\right)^{2}}}$ lorsqu'on fait varier r et n entre certaines limites.

NOMBRE DE VIBRATIONS	RÉSISTANCE DE LA LIGNE EN OHMS		
	100	1000	10000
50	0,95	0,48	0,17
100	0,98	0,61	0,24
500	1,00	0,87	0,48
1000	1,00	0,92	0,61
5000	1,00	0,98	0,87

Nous avons dans ce calcul considéré un cas aussi simple que possible en supposant égal à 1 le coefficient de self-induction du circuit, $Q = 1$. Les recherches de Helmholtz ont fait voir que les circuits téléphoniques ont généralement un coefficient de self-induction plus grand, surtout si ces circuits renferment encore des électro-aimants. L'influence du nombre de vibrations est par ce fait diminuée, mais l'amplitude diminue également dans le même rapport et la transmission est plus faible. Tout ce que l'on peut donc faire, c'est de chercher une valeur moyenne avantageuse, sans vouloir supprimer complètement l'influence nuisible de la ligne en augmentant la self-induction du circuit.

Le tableau précédent montre que si l'on considère un circuit de 100 ohms de résistance et dont le coefficient de self-induction est égal à 1, la valeur du coefficient variable demeure sensiblement constante pour tous les nombres de vibrations qui interviennent dans la parole humaine depuis 50 jusqu'à 5,000 ; la transmission peut donc être considérée comme parfaite, puisque les sons élevés et les sons bas sont tous deux reproduits avec la même intensité. Mais si la résistance du circuit augmente et devient égale à 10,000 ohms, par exemple, on remarque que l'amplitude du son le plus bas pour lequel $n = 50$ n'est plus qu'un cinquième de l'amplitude du son le plus haut pour lequel $n = 5,000$ et à l'octave du son le plus bas, on a déjà une intensité moitié moindre. Dans ces conditions, le timbre est tellement altéré qu'on ne peut plus songer à transmettre la parole.

Ce résultat est très intéressant en ce sens qu'il met bien en lumière l'influence considérable de la résistance du circuit sur la qualité de la transmission. Toutes choses égales d'ailleurs, la transmission est d'autant meilleure que la résistance du circuit est plus petite. On a commencé dans ces derniers temps à tenir compte de cette condition et l'on emploie maintenant, pour les longues lignes téléphoniques, du cuivre aussi bon conducteur que possible. Pendant longtemps les constructeurs ne s'étaient pas du tout occupé de la résistance de la ligne en partant de ce principe, absolument erroné, qu'elle n'avait aucune influence appréciable sur les courants induits.

On a maintes fois déjà signalé l'extrême faiblesse des courants capables de faire parler un téléphone et l'on s'est plu à présenter cet appareil comme le plus sensible des galvanomètres. Ceci n'est pas absolument exact et il y a matière à restriction. S'il s'agit de courants alternatifs à inversions rapides et régulières, le téléphone mérite certainement d'être placé au premier rang des galvanomètres, mais dans tous les autres cas, non. Pour les courants de sens invariable, un galvanomètre astatique est un instrument beaucoup plus sensible, alors même que ces courants sont intermittents. Les courants qui interviennent dans le fonctionnement des téléphones ne sont d'ailleurs pas aussi faibles qu'on se l'imagine habituellement. M. R. Gross, de Boston, a dernièrement mesuré les intensités pour différentes voyelles et différents appareils. Il a trouvé des valeurs comprises entre 0,7 et 0,07 milli-ampère. Je veux bien croire que ces chiffres sont exacts, mais ils ne peuvent se rapporter qu'à des appareils extrêmement puissants. Le téléphone Siemens ne m'a jamais donné plus de 0,01 milli-ampère. Il est vrai que si l'on fait passer, pendant un certain temps, à travers un téléphone des courants dont les intermittences se succèdent régulièrement, une amplitude moindre suffit à produire des effets appréciables.

Déterminer exactement la sensibilité de cet appareil est néanmoins chose difficile. Il y a en effet à considérer non seulement l'amplitude du courant ondulatoire, mais aussi la rapidité de ses variations, et l'influence plus ou moins grande de l'un ou de l'autre de ces éléments dépend de la qualité de la membrane.

En réalité, il n'a pas encore été fait à ce sujet de mesures précises, ni surtout de mesures où l'on ait tenu compte du coefficient de self-induction de la ligne, lequel a sur le régime des courants à alternances rapides une influence si considérable. D'après les recherches de W. Siemens, un courant de 0,005 milli-ampère, à 200 inversions par seconde, serait déjà suffisant pour faire parler faiblement un téléphone. Mais il y a tout lieu de supposer que ce n'est pas la petitesse des amplitudes qui, dans ce cas, réduit peu à peu le téléphone au silence, mais bien la faible inclinaison de la courbe du courant, courbe qui se trouve déformée par les grandes résistances que l'on est obligé de mettre en circuit. Une autre expérience tend à confirmer cette façon de comprendre les choses. Supposons que l'on place dans le circuit secondaire d'une petite bobine d'induction un téléphone et une résistance de 50 millions d'ohms ; le circuit primaire de la bobine renferme simplement un élément et un interrupteur ; il est certain que, dans ce cas, les amplitudes des courants qui agissent sur le téléphone sont beaucoup plus faibles que précédemment, surtout si l'on éloigne la bobine secondaire le plus possible, et cependant les courants induits, à succession extrêmement rapide, produisent un son bien plus fort que le courant intermittent d'une pile, comme dans l'expérience précédente.

Nous n'avons mentionné dans ce chapitre que les téléphones les plus répandus. Il existe encore un grand nombre d'appareils dont plusieurs sont aussi bons que les précédents, mais nous ne pouvons songer à les décrire tous. Leur nombre croît d'ailleurs de jour en jour. Comme ces appareils ne diffèrent entre eux que par des dispositifs de détail, il sera facile d'en comprendre la construction et le fonctionnement en se reportant aux principes généraux qui précédent. Nous tenons cependant à mentionner encore deux téléphones qui se distinguent par une construction particulière.

Le téléphone parlant à haute voix du Dr Ochorowicz, qui semble plus spécialement propre aux auditions musicales, possède deux membranes, une de chaque côté de l'électro-aimant. Une des membranes est percée en son milieu d'une ouverture qui permet à l'aimant permanent de venir se souder au noyau de fer doux. Ce qui caractérise ce téléphone, c'est la grande intensité des sons émis, d'où le nom de téléphone parlant à haute voix ; mais cette propriété en fait justement un appareil plus apte à transmettre la musique que la parole même, et ce pour les raisons précédemment exposées.

Le deuxième téléphone dont nous voulons encore dire quelques mots est le téléphone *moléculaire*, assez répandu en Amérique et offrant cela de particulier que la membrane, au lieu d'être en fer, est en liège. Un ressort en acier est soudé au noyau de fer doux et vient appuyer sur la membrane en liège. Les courants qui traversent la bobine mettent le ressort en vibrations et ces vibrations se communiquent à la membrane.

Il est évident que l'on peut construire des téléphones de diverses manières et les actions électro-magnétiques ne sont pas les seules qui permettent de transformer l'énergie électrique en énergie mécanique ; néanmoins, l'emploi d'une membrane polarisée qui sert de base au téléphone ordinaire est le procédé le plus direct pour transformer les ondes électriques en ondes sonores. Il est intéressant de signaler toutefois quelques-unes des autres méthodes imaginées pour obtenir la même transformation.

Preece a utilisé la chaleur développée dans un fil par le passage d'un courant, chaleur qui croît proportionnellement au carré de l'intensité du courant. Ces flux de chaleur ondulatoires doivent se transmettre à l'air ambiant et produire des mouvements vibratoires correspondants. Étant donné le peu de surface du fil échauffé, on ne peut évidemment s'attendre qu'à de faibles effets.

L'idée de se servir de condensateurs s'attache au nom du professeur Dolbear. Les courants ondulatoires employés à charger un condensateur mettent celui-ci en vibration par suite des forces électrostatiques qui s'exercent entre les armatures chargées à des potentiels variables. Mais le son produit par le condensateur est d'une octave plus haut que le son correspondant au nombre de vibrations du courant ondulatoire de charge. Pour obtenir le même son, il faut avoir soin de donner au condensateur une charge permanente assez forte, ce qui exige l'emploi d'une batterie de 10 à 20 éléments au moins. L'entretien d'un aussi grand nombre d'éléments fera évidemment préférer l'emploi du simple téléphone électro-magnétique. Le son obtenu avec les condensateurs est d'ailleurs toujours faible.

On doit à Edison un autre téléphone extrêmement intéressant, basé sur un phénomène électrochimique. Si l'on place sur une plaque métallique reliée à l'un des pôles d'une pile une feuille de papier humectée par une dissolution étendue de potasse caustique et que l'on promène sur cette feuille, en la faisant appuyer doucement, une lame de platine reliée au deuxième pôle de la même pile, il y aura un certain frottement entre la lame de platine et la feuille de papier. Cette résistance de glissement est beaucoup plus grande quand le courant est interrompu et est d'autant plus petite que l'intensité du courant est plus grande.

Edison a imaginé de souder à angle droit sur la membrane téléphonique une lame platinée ; cette lame glisse à frottement doux sur un cylindre métallique recouvert d'un mélange humide d'hydrate de potasse, de craie et d'acétate de mercure. Le cylindre en métal est animé d'un mouvement de rotation rapide. Si l'on fait passer à travers le contact glissant, du cylindre à la lame platinée, un courant ondulatoire, cette lame sera plus ou moins fortement entraînée par suite des variations de la résistance de glissement et la membrane, solidaire de la lame, reproduira les vibrations de celle-ci. Un téléphone ainsi construit est capable de donner des sons très forts, mais cette qualité est acquise au détriment de la netteté de la parole.

b) **Le microphone.**

L'emploi du téléphone comme transmetteur présente deux inconvénients sensibles. Le premier est que l'appareil ne peut produire que des courants ondulatoires de faible intensité. La membrane vibrante doit exécuter des vibrations tellement petites que l'amplitude de ces vibrations n'excède pas quelques centièmes de millimètre. Dès qu'on cherche à obtenir de plus fortes amplitudes, on altère la netteté de la transmission à cause de l'élasticité imparfaite de la membrane et de la non-uniformité du champ magnétique. Le seul moyen qu'on ait à sa disposition pour augmenter l'intensité des courants induits, consiste à renforcer le champ magnétique. Mais là aussi on se trouve bientôt arrêté par le phénomène de la saturation magnétique du fer et aussi par cette considération que la grandeur des aimants ne doit pas dépasser une certaine limite au delà de laquelle les appareils cesseraient d'être maniables. Un autre inconvénient du téléphone, que nous avons déjà signalé, provient de ce que les sons hauts sont transmis avec plus de force que les sons bas, dès qu'on opère sur de longues lignes. Le *microphone* est un transmetteur capable de porter remède à ces deux inconvénients ou du moins de les atténuer dans une large mesure. Il permet de produire des ondes électriques d'intensité beaucoup plus grande et de vaincre, grâce à un choix judicieux dans les dimensions, de très fortes résistances extérieures, sans altérer sensiblement la netteté de la transmission.

Les microphones imaginés jusqu'à ce jour sont très nombreux, mais ils peuvent tous se ramener à deux types fondamentaux : le microphone de Hughes et celui d'Edison.

1. — *Les microphones genre Hughes.*

Le microphone de Hughes est formé par deux corps bons conducteurs de l'électricité, reposant librement l'un sur l'autre. La région où ces corps se touchent, le contact autrement dit, présente une certaine résistance qui varie avec une extrême sensibilité en même temps que la pression exercée par un des corps sur l'autre. Le moindre ébranlement suffit à modifier d'une façon très appréciable la valeur de cette résistance. Il résulte de là que si l'on dispose dans le circuit d'une pile un téléphone et un contact de ce genre, le téléphone révélera les plus petits déplacements de l'un ou de l'autre corps, attendu que ces déplacements produisent de fortes variations de courant qui, à leur tour, mettent la membrane téléphonique en mouvement.

Le charbon est la substance la plus propre à former ces contacts imparfaits. Par suite de la propriété bien connue que possède ce corps d'absorber très facilement les gaz, un morceau de charbon est toujours recouvert à sa surface d'une couche d'air condensé. Lorsque deux morceaux de charbon reposent l'un sur l'autre, ils sont constamment séparés par une très mince couche d'air condensé, à moins toutefois que l'un des deux morceaux ne vienne appuyer trop fortement sur l'autre. Dans cette couche d'air condensé, les rugosités des surfaces voisines et la poussière en suspension forment une zone conductrice qui permet à l'électricité de

passer d'un corps à l'autre. Les moindres variations de
pression modifient la conductibilité de cette zone dont l'état
dépend surtout des forces moléculaires d'adhérence entre
les particules de charbon et d'air. Les changements d'ordre
mécanique ou chimique apportés aux surfaces, aussi bien
que les variations de température, influent également sur
l'état de la zone intermédiaire.

D'autres corps conducteurs, les métaux notamment,
donnent lieu aux mêmes phénomènes, mais dans une
mesure beaucoup moindre ; leurs surfaces extérieures étant
bien plus nettes et mieux déterminées, il s'ensuit que la
zone précédemment définie se trouve très réduite.

La figure 13 montre le microphone de Hughes dans sa
forme primitive ; l'appareil se compose de deux morceaux

Fig. 13.

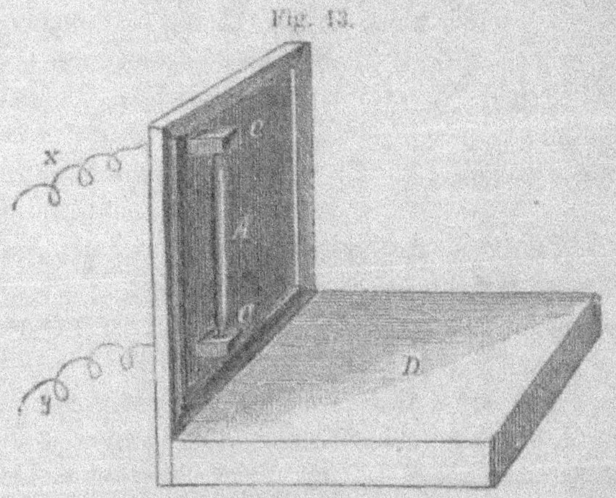

de charbon *C C* disposés horizontalement et présentant deux
évidements qui se font face et servent à supporter le crayon
de charbon *A*. Les blocs *C C* communiquent avec les fils *x y*
qui amènent le courant aux contacts microphoniques.

Dans les microphones ordinaires, la résistance du contact

imparfait est, à l'état normal de 5 ohms, mais cette résistance peut varier exceptionnellement de 1/2 ohm à 100 ohms.

Pour rendre le microphone très sensible, on peut employer une forte pile et obtenir ainsi des variations de courant aussi grandes que l'on veut. Néanmoins il n'est pas rationnel d'aller trop loin dans cette voie. Dès que le courant atteint une certaine intensité, les moindres ébranlements donnent lieu à des étincelles qui détériorent les surfaces de contact. La pile devra être choisie de telle façon que la différence de potentiel entre les deux pièces en contact ne dépasse jamais un volt et ceci donne, pour l'intensité, des limites assez étroites. Dans les conditions ordinaires, l'intensité ne s'élève jamais au-dessus de un ampère.

Beaucoup de personnes ont cherché à faire une théorie du microphone, mais il faut reconnaître qu'on n'est pas encore arrivé à éclaircir complètement tous les points qui intéressent le fonctionnement de cet appareil. Les mesures les plus exactes sur la relation entre les variations de courant d'une part, la pression et la résistance d'autre part, sont les mesures récentes de Beckmann. Elles montrent que la résistance du contact décroît à peu près comme le carré de la pression et comme le carré de l'intensité ; cette résistance est d'ailleurs toujours plus grande pour un courant constant que pour un courant ondulatoire.

Ce qu'il y a de plus curieux, c'est que le microphone est, comme le téléphone, un appareil réversible. Il est capable de transformer non seulement les ondes sonores en ondes électriques, mais aussi et inversement les ondes électriques en ondes sonores. Ainsi, si l'on fait passer de forts courants ondulatoires à travers un contact microphonique, le mouvement ondulatoire se communique aux pièces de contact et de là à l'air ambiant. Il faut dire que le son produit est relativement très faible, tellement faible que jusqu'à présent on n'a pu en tirer aucun profit dans la téléphonie industrielle. La cause de ce phénomène, observé pour la première fois par Hughes, l'inventeur du microphone, est encore obscure. Deux hypothèses ont été mises en avant. Suivant l'une, les particules constitutives des surfaces en contact seraient animées de vibrations moléculaires sous l'influence du courant ondulatoire qui les traverse, et l'on aurait là un phénomène analogue à la vibration moléculaire du fer doux soumis à une succession rapide d'aimantations et de désaimantations. Hughes partage cette manière de voir ; il affirme même que tous les corps conducteurs de l'électricité possèdent la même propriété et qu'au moyen de son sonomètre, il constate le même phénomène en faisant passer un courant ondulatoire à travers un fil de cuivre. La deuxième hypothèse explique le phénomène par un processus thermique, les courants variables échauffant la région où se fait le contact proportionnellement au carré de leur intensité. L'état calorifique des surfaces en contact se modifie et ces variations sont transmises à l'air ambiant. A une augmentation de température correspond une dilatation des couches d'air avoisinantes, à un abaissement de température une contraction de ces mêmes couches : ces mouvements, se communiquant de proche en proche, donnent naissance à des ondes sonores. Il est probable que les deux hypothèses reviennent au même, puisque la quantité de chaleur développée est équivalente à la vibration moléculaire admise dans la première hypothèse.

Les microphones imaginés par Crossley, Ader et d'autres inventeurs, ne sont, en réalité, que des combinaisons différentes d'un certain nombre de microphones simples Hughes, tel que celui qui vient d'être décrit.

La figure 14 représente le microphone de Crossley. Cet appareil a la forme d'une petite boîte en bois renfermant différents commutateurs et des bobines dont nous indi-

querons bientôt l'usage. La boîte est munie d'un couvercle
qui est une planchette en bois de sapin, aussi homogène et
à fibres aussi fines que possible. Ce couvercle joue le rôle
d'une caisse de résonance et est destiné à recueillir les
vibrations de l'air ambiant.

Fig. 14.

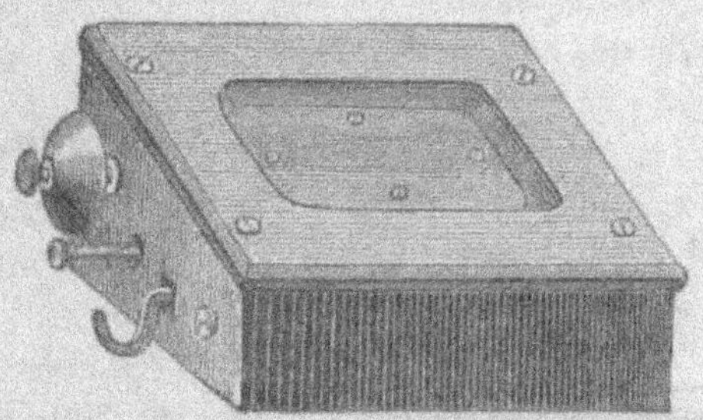

La figure 15 montre le dessous de la planchette. Elle
porte, vissés sur sa surface, quatre blocs en charbon, de
forme prismatique, munis d'évidements, où viennent se

Fig. 15.

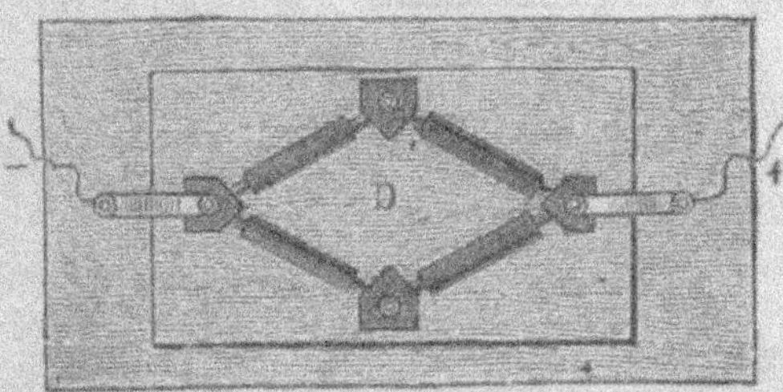

loger, comme dans le microphone Hughes, des crayons de
charbon assez fins et amincis à leurs extrémités. Ces crayons
sont disposés suivant les côtés d'un losange. L'un des blocs
prismatiques est relié au pôle positif de la pile ; le bloc

placé au sommet opposé communique avec le pôle négatif.
Le courant à son entrée trouve deux chemins et se partage
par moitiés. Chacun de ces chemins est formé par la mise
bout à bout de deux crayons et comme chaque crayon présente deux points de contact, la moitié du courant total passe
à travers quatre contacts microphoniques.

Le microphone d'Ader est de construction tout à fait
analogue. Il ne se distingue réellement du microphone
Crossley que par le mode de groupement des charbons. Le
premier de ces microphones est très répandu en France, le
second en Angleterre. La figure 16 représente, vu en dessous
le diaphragme de l'appareil Ader. Trois blocs prismatiques
en charbon B, C, D, dis-
posés verticalement et vissés sur une planchette,
maintiennent en place
deux groupes de cinq
crayons horizontaux A.
Le courant qui entre par
l'un des blocs extrèmes
B ou D, et sort par l'autre trouve cinq chemins

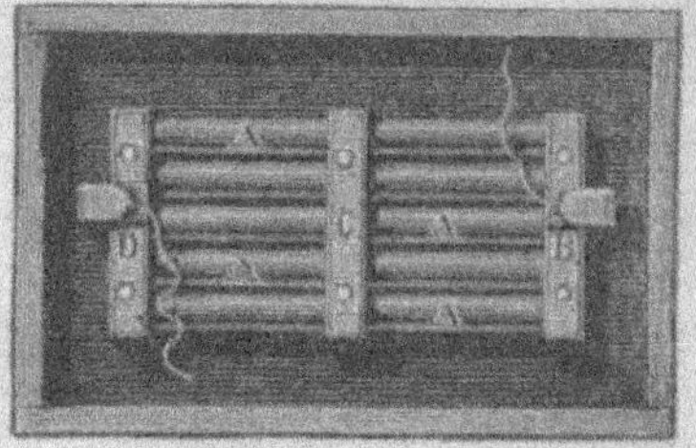

Fig. 16.

ouverts devant lui, chaque chemin présentant, comme dans
le microphone Crossley quatre points de contact. Il y a
donc en tout vingt contacts groupés en dérivation par séries
de quatre.

Une autre combinaison simple est due à Theiler. Elle est
représentée par la figure 17. Le diaphragme consiste en
une mince plaque de tôle collée sur un disque en liège C.
Ce disque est maintenu dans une position verticale derrière
l'embouchure S. Deux crayons de charbon K également
verticaux, sont collés sur la membrane, tandis qu'un troisième crayon horizontal l, suspendu à un ruban de caoutchouc, repose sur les deux premiers.

Le courant entre dans le microphone par l'un des crayons verticaux et sort par l'autre, après avoir traversé les deux points de contact des crayons k et l. La sensibilité de cet appareil peut être réglée, dans une certaine mesure, en raccourcissant ou en allongeant le ruban élastique g, ce qui augmente ou diminue la pression aux points de contact des

Fig. 17.

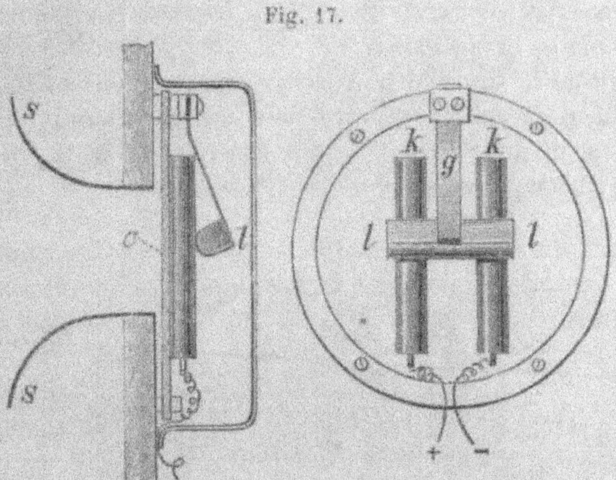

charbons. Dans les microphones d'Ader et de Crossley, il n'y a aucun réglage, puisque la pression résulte uniquement du poids des crayons qui reposent librement sur leurs supports.

Il est évident que l'on peut encore imaginer une foule d'autres combinaisons de charbons, aussi nous dispenserons-nous de décrire tous les systèmes brevetés jusqu'à ce jour.

Comme ces microphones présentent des contacts multiples, les variations de courant sont relativement grandes. Mais l'on peut être certain que, pour une même vibration, tous les contacts ne se modifient pas d'une façon absolument

identique. De plus, le système de la planchette, avec ses
nombreux crayons, est trop compliqué pour reproduire tout
à fait exactement les moindres vibrations de l'air. Ces
appareils ne se prêtent donc pas très bien à la transmission
des nuances si délicates de la parole ; ils sont, au contraire,
tout à fait aptes à recueillir les vibrations puissantes et
donnent en particulier d'excellents résultats pour la transmission de la musique.

Quand il s'agit de transmettre la parole, on obtient de
meilleurs résultats en employant un contact unique, que
l'on peut régler avec beaucoup de précision et sur lequel
une embouchure concentre les ondes sonores.

Fig. 18.

Deux microphones à un seul contact sont surtout très
répandus : ce sont les microphones de Berliner et de
Blake.

La figure 18 représente le microphone Berliner. L'un
des charbons *d* est fixé à la membrane. Celle-ci est formée

par une feuille de tôle, ronde, fixée derrière l'embouchure *e*.
Un deuxième charbon *b*, enserré dans une bague en
laiton, repose sur le charbon *d* ; la bague en laiton est
mobile autour d'une charnière, comme un pendule, et ce
mode de suspension a fait donner au charbon *b*, le nom
d'électrode-pendule, sous lequel on le désigne généralement.
Ce deuxième charbon a la forme d'un cône arrondi et
appuie, par son propre poids, sur le charbon *d*. Le contact
microphonique n'est donc pas réglable, puisque la pression
est déterminée une fois pour toutes par le poids de l'électrode articulée. Nous expliquerons quelques pages plus bas
l'utilité de la bobine d'induction représentée en *F* sur
notre dessin.

Pour la téléphonie à grande distance, Berliner a construit
un microphone qui possède trois électrodes articulées ; ces
électrodes viennent reposer sur trois blocs en charbon,
fixés sur la surface intérieure d'une mince plaque de caoutchouc durci, qui joue le rôle de diaphragme.

Plus sensible est le microphone de Blake (fig. 19). Dans
cet appareil, comme dans celui de Berliner, les ondes sonores
viennent agir sur une membrane circulaire en tôle, placée
derrière l'embouchure *O*. Le pourtour de la membrane est
emprisonné dans une bague en caoutchouc et la membrane
elle-même est maintenue dans l'anneau métallique *e* au
moyen de deux ressorts *f* et *g*. Aucune des électrodes n'est
fixée sur la membrane, les contacts se faisant par l'intermédiaire de ressorts très légers.

Une des électrodes consiste en un cylindre de charbon,
saisi dans une monture en laiton *c* et attaché à un ressort
d'acier *s*, qui tend à l'appuyer contre la membrane. L'autre
électrode est une petite boule de platine qui se trouve fixée
à une mince lame de maillechort *p* et vient se placer juste
entre la membrane et l'électrode en charbon.

Voici comment on règle la pression de la pastille de

charbon contre la petite boule de platine. Les deux ressorts portant les électrodes sont fixés à un étrier en fer *b*, qui, de son côté, est relié, par l'intermédiaire d'un fort ressort en laiton *m*, à une saillie ménagée sur la bague en fer *e*. L'extrémité inférieure de cet étrier, recourbée obliquement, appuie sur la vis métallique *r*. En faisant monter ou descendre cette vis, on déplace l'étrier dans un sens ou dans

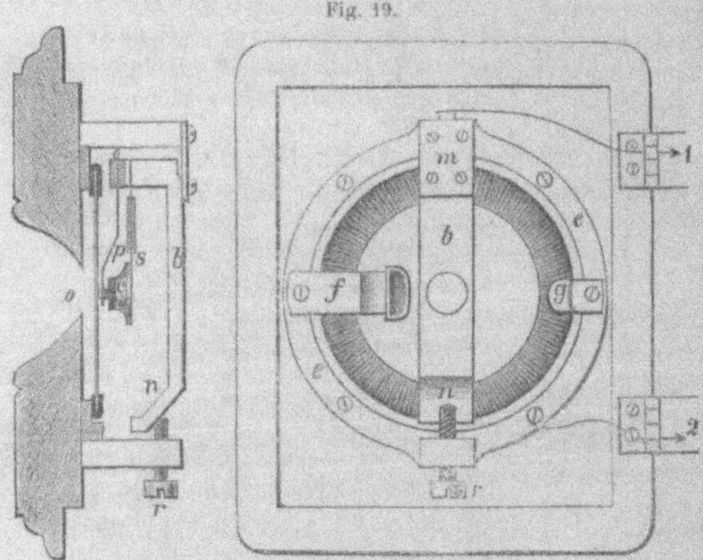

Fig. 19.

l'autre, ce qui a pour effet d'approcher ou d'éloigner de la membrane les deux ressorts, ainsi que les contacts qu'ils portent. Lorsqu'on tourne la vis de gauche à droite, on augmente la pression de la pastille de charbon contre le contact en platine ; lorsqu'on tourne la vis de droite à gauche, on diminue cette pression. On peut ainsi régler le contact avec beaucoup de précision et obtenir le maximum de sensibilité.

Si la construction de l'appareil est soignée, le microphone Blake est celui qui transmet la parole avec le plus de netteté et le plus de force. Il fonctionne alors sans nécessiter aucun soin particulier, pourvu que, de temps à autre, comme dans toute espèce de microphone, on nettoie les points de contact. Mais si le charbon et les ressorts ne sont pas tout ce qu'ils doivent être, l'appareil est très sensible aux changements de température et aux actions mécaniques ; il se dérange facilement et demande à être souvent réglé.

Le nombre de microphones Blake actuellement en service, est certainement plus grand que celui de tous les autres microphones réunis.

Le microphone d'Ericson, remarquable surtout par une construction très soignée, repose sur un principe analogue à celui du microphone Blake. Cet appareil est très répandu en Suède et en Norvège. Le contact est également formé par du charbon et du platine, mais le mode de réglage est tout à fait particulier. L'appareil (fig. 20) a une membrane disposée horizontalement et les ondes sonores sont dirigées vers cette membrane par un tube en laiton, à ouverture évasée, recourbé en forme de voûte. Le contact en platine est fixé à l'extrémité supérieure d'une mince tige d'acier qui est guidée verticalement et appuie plus ou moins contre la

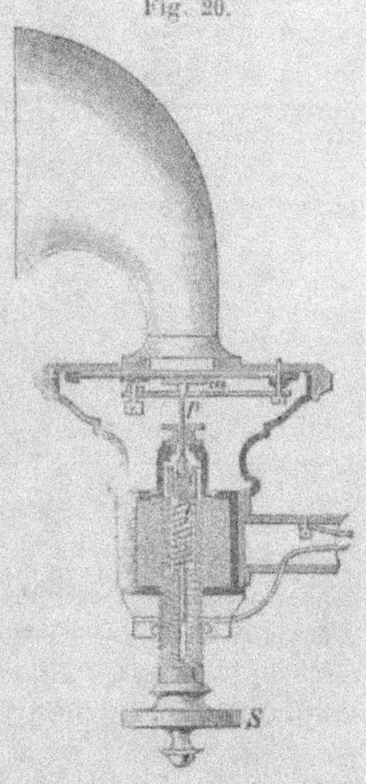
Fig. 20.

pastille de charbon *m* sous l'action du ressort *f*. La vis *s* permet de régler la tension de ce ressort. Si l'on fait monter la vis de réglage, le ressort se trouve comprimé et la pression de la goutte de platine contre la pastille de charbon augmente ; si, au contraire, on fait descendre la vis, la pression diminue.

Un système de réglage très curieux est celui du microphone Clay (fig. 21). La bobine d'induction *J* a pour noyau

Fig. 21.

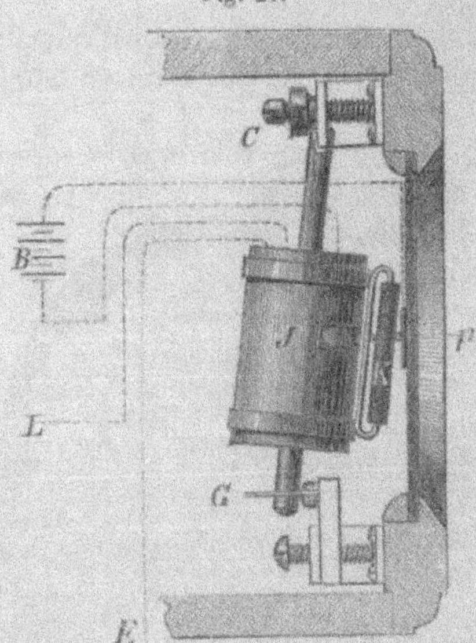

un barreau de fer de longueur telle qu'il dépasse des deux côtés les joues de la bobine. Ce noyau, articulé à son extrémité supérieure, est très mobile autour du point *C* ; l'extrémité inférieure, guidée par la fourche en fer *G*, glisse à frottement extrêmement doux entre les bras de cette fourche.

Sur la surface extérieure de la bobine est fixée une pièce en charbon K qui constitue l'une des électrodes et appuie sur une goutte de platine solidaire de la membrane et formant l'autre électrode. Le microphone fonctionne donc comme un microphone Berliner, dans lequel on aurait remplacé l'électrode articulée par le système de la bobine et de son noyau. Si, dans ces conditions, un fort courant passe par le circuit primaire de la bobine d'induction, le noyau de fer doux est assez fortement aimanté et se trouve attiré avec une certaine force par la fourchette en fer G ; cette attraction s'oppose au mouvement et agit de façon à amortir les vibrations du contact microphonique. Si, au contraire, le courant est faible, le frottement entre le noyau de la bobine et la fourchette G devient également plus faible et l'amortissement moins énergique. On doit donc arriver, par un choix judicieux dans les proportions, à un réglage automatique du microphone qui s'adapterait de lui-même à toutes les différentes intensités de courant et produirait, par conséquent, des courants ondulatoires dont l'intensité serait toujours à peu près la même.

A côté des appareils que nous venons de décrire, il existe encore une grande variété de contacts microphoniques, mais tous reposent plus ou moins sur le même principe.

Au point de vue du mode d'emploi, les microphones à contact unique diffèrent surtout des microphones à contacts multiples en ce qu'ils nécessitent un nombre d'éléments moindre. C'est généralement avec un seul élément que l'on obtient les meilleurs résultats pour les microphones à contact unique. Pour les autres, il faut plusieurs éléments, quatre, six et même quelquefois douze. Le principal avantage des contacts multiples, qui est de ne pas nécessiter de réglage, est donc atténué dans une large mesure par l'entretien d'un plus grand nombre de piles. Comme, d'autre part, les microphones à un seul contact, bien construits, ne le cèdent presque en rien aux microphones à plusieurs contacts, il me semble que l'on doit en général donner la préférence aux premiers.

2. — *Le microphone d'Edison.*

Edison utilise dans la construction de son microphone, la propriété remarquable que présente le charbon de changer de résistance électrique, lorsque la pression à laquelle il est soumis se modifie. La figure 22 montre le dispositif de l'appareil permettant d'étudier cette propriété du charbon. Il se compose essentiellement de deux plaques métalliques,

Fig. 22.

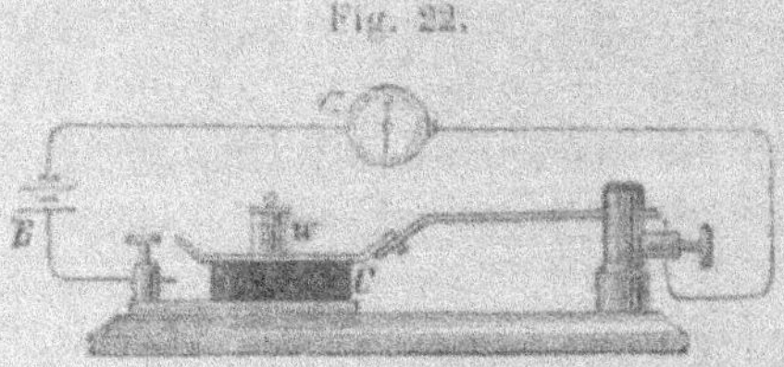

entre lesquelles on place le charbon à étudier *C*, réduit préalablement à l'état de poussière fine. Ces deux plaques métalliques sont reliées aux extrémités d'un circuit comprenant une pile *B* et un galvanomètre *G*. Si l'on fait varier la pression sur la poussière de charbon en plaçant, en *W*, des poids plus ou moins grands, les déviations du galvanomètre varient et montrent comment se modifie la résistance du charbon.

A mesure que la pression augmente, la résistance diminue, c'est-à-dire que l'intensité du courant croît, mais bien moins vite que s'il s'agissait d'un contact entre deux morceaux de charbon. Pour obtenir des effets analogues, il

faut employer un courant d'intensité relativement élevée.
Comme le circuit n'est jamais interrompu, les étincelles ne
peuvent se produire et cette condition n'a qu'une importance secondaire. Elle n'en doit pas moins être considérée
comme un désavantage, car elle est en général un obstacle
à l'emploi de ces microphones pour de très longues lignes.

La substance qui semble le
mieux se prêter à ce genre
de microphones est le noir
de fumée obtenu par la com-
bustion incomplète de l'es-
sence de térébenthine. Cette
substance très fine est com-
primée sous forme de pas-
tilles ayant la grandeur d'une
pièce de cinquante centimes
à peu près, puis placée dans
une boîte en fonte entre
deux minces rondelles de
cuivre, ainsi que le montre la
figure 23. Derrière l'embouchure téléphonique se trouve
la membrane en tôle *D* ;

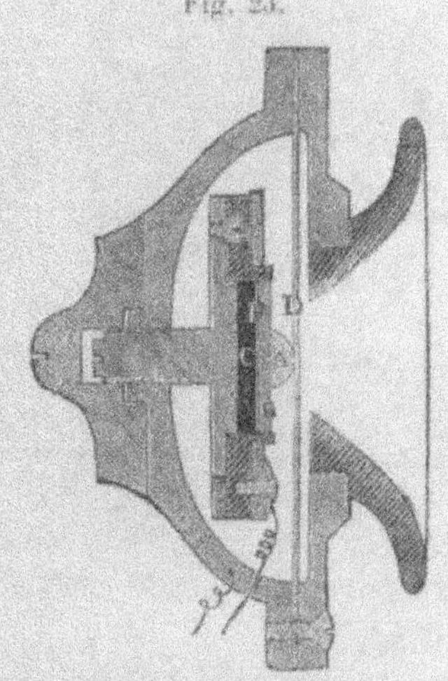

Fig. 23.

celle-ci transmet, par l'intermédiaire du bouton en platine
A, les vibrations sonores à la poussière de charbon *C*, dont
la résistance se modifie avec la pression et donne lieu à des
variations correspondantes de l'intensité du courant.

La figure 24 représente un transmetteur double, combinaison de deux transmetteurs simples tels que celui de la
figure 23 ; une embouchure de forme spéciale répartit les
vibrations sonores aussi uniformément que possible des deux
côtés. Ce microphone donne les meilleurs résultats avec
une batterie de douze éléments Leclanché groupés en dérivation par séries de quatre. En Amérique, il est employé

surtout pour de longues lignes, et l'on prétend que, bien
construit, il donne un son plus fort que tous les autres microphones.

Fig. 24.

3. — *La translation du courant.*

Quand on parle devant un microphone, les variations de
résistance ne dépassent jamais quelques ohms. Si la ligne
a peu de longueur et une faible résistance, ces variations
suffisent pour qu'un téléphone intercalé dans le circuit
parle assez fort ; mais si l'on augmente la longueur de la
ligne, la variation de résistance devient une fraction, de
plus en plus petite, de la résistance totale et l'effet produit
sur le téléphone diminue dans le même rapport. On peut
remédier à cet inconvénient dans une certaine mesure en
augmentant le nombre des éléments. Mais, lorsque le micro-

phone est destiné à fonctionner sur diverses lignes, de longueurs très inégales, le courant devient trop fort pour les
postes rapprochés et trop faible pour les postes éloignés.
On peut cependant se contenter de ce système pour de petites
installations téléphoniques où l'on n'a affaire qu'à de courtes
lignes. Les microphones doivent avoir la plus grande résistance possible (transmetteurs Hunning, Mildé, Hipp) et sont
généralement constitués par de la poudre de charbon, à
grains assez gros, sur laquelle le diaphragme vient appuyer
plus ou moins fort, comme dans le microphone Edison.
Lorsque différentes lignes viennent aboutir à un point central, on peut en ce point, qui devient la station centrale,
placer une seule batterie de piles pour toutes les lignes. Un
jeu de rhéostats permettra d'égaliser les résistances des
lignes qui auront toujours des longueurs différentes. C'est
ainsi qu'est installé le réseau téléphonique de Brescia, qui
compte 100 postes environ ; les appareils employés sont
ceux de Hipp.

On a reconnu qu'il était très avantageux de joindre au
microphone une bobine d'induction. Le courant de la pile

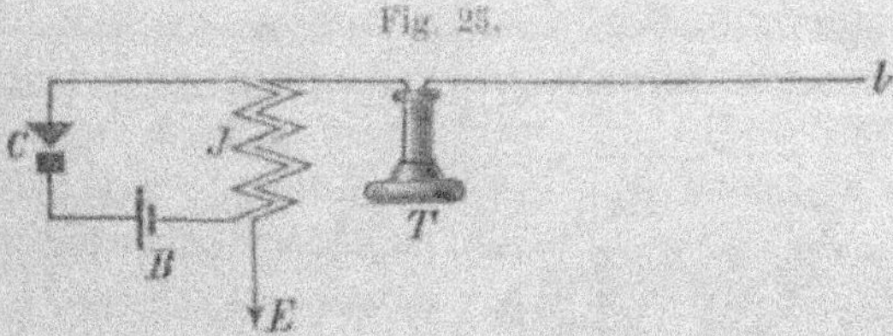

Fig. 25.

ne se rend pas directement dans la ligne, et la bobine joue
le rôle d'un translateur (fig. 25). Le circuit primaire de la
bobine d'induction J est fermé sur le contact microphonique C et la pile B ; le circuit secondaire, à fil fin, est en
série avec la ligne l et le téléphone T. Lorsque le courant
ondulatoire produit par le microphone traverse le circuit

primaire de la bobine, il aimante le noyau en fer doux de celle-ci et l'intensité d'aimantation est fonction de l'intensité du courant ; les variations de magnétisme induisent à leur tour dans le fil fin des courants ondulatoires qui correspondent exactement aux ondes du courant primaire. Il y a évidemment induction directe entre le fil primaire et le fil secondaire, mais l'expérience montre que cette action est très faible ; il est facile de s'en assurer en enlevant le noyau de la bobine. Le noyau doit être fabriqué avec du fil de fer aussi bien recuit que possible, si l'on veut éviter les fâcheux effets du magnétisme rémanent. Pour renforcer, dans la mesure du possible, l'action de ce noyau, on le choisit généralement gros et on fait la bobine longue. Voici d'ailleurs les dimensions habituelles des bobines :

Longueur de la bobine . .	80 à 150 millimètres.
Diamètre du noyau . . .	13 à 15 —
Longueur du fil primaire. .	5 mètres environ.
Résistance id. id. . .	0,15 ohm.
Longueur du fil secondaire.	150 mètres environ.
Résistance id. id. .	150 à 200 ohms.

Il y a entre les courants induits dans la bobine et ceux du circuit microphonique deux différences essentielles.

Le courant qui traverse le microphone a toujours la même direction ; c'est son intensité seule qui varie plus ou moins. Graphiquement, ce courant est représenté par la courbe de la figure 26 *a*. Il n'en est pas ainsi pour les courants induits dans la bobine : ils changent constamment et d'intensité et de direction. Chaque onde se compose de deux parties ; le courant est positif dans l'une, négatif dans l'autre. Le courant positif correspond à un accroissement,

Fig. 26 *a* et *b*.

le courant négatif à une diminution de l'intensité dans le circuit primaire qui renferme le microphone. Les courants induits présentent donc, comme les courants téléphoniques, un déplacement de leur phase égal à une demi-période. La figure 26 *b* est le diagramme d'un courant de cette nature.

Si l'on recueillait dans un condensateur toute l'électricité qui traverse la ligne pendant une certaine durée de la transmission téléphonique, cette quantité serait égale à zéro, puisque les courants positifs et négatifs se compensent continuellement. Il en est tout autrement pour le courant du circuit microphonique. Ce courant ayant toujours la même direction, la charge du condensateur irait en augmentant avec le temps, et n'aurait de limite que la capacité du condensateur.

Les courants alternatifs sont surtout avantageux au point de vue du fonctionnement du récepteur, attendu que, pour des courants de même sens, la sensibilité de la membrane téléphonique varie avec l'intensité de ces courants.

Une autre différence provient de la qualité même du courant. Les courants induits ont une grande tension et une faible intensité, tandis que les courants microphoniques ont au contraire une tension faible et une intensité relativement forte. Il résulte de là que ces derniers subissent un affaiblissement sensible, même avec des lignes de petite résistance ; une résistance de plusieurs centaines d'ohms n'exerce, au contraire, aucune influence appréciable sur les courants induits. Les courants d'induction se prêtent donc infiniment mieux au service sur de longues lignes et l'on peut même, en donnant à la bobine un enroulement convenable, vaincre la résistance de n'importe quelle ligne, quelque longue qu'elle soit.

L'emploi de la bobine d'induction offre ce grand avantage qu'il permet d'améliorer la qualité de la transmission téléphonique. Nous avons établi précédemment que, dans une

4

transmission réalisée au moyen de deux téléphones magnétiques, les sons élévés sont reproduits avec plus de force que
les sons bas. Inversement, la transmission des sons bas est
relativement plus forte quand on place un microphone en
circuit avec la ligne et le téléphone récepteur. La bobine
d'induction permet, et c'est là un fait très curieux, de remédier à cet inconvénient.

Ce résultat vérifié par l'expérience peut être facilement
expliqué en appliquant au cas particulier dont il s'agit ici
la loi d'induction établie par Neumann. Désignons, en effet,
par les index 1 et 2 les circuits du microphone et du téléphone ; par R_1 et R_2, les résistances de ces circuits ; par Q_1
et Q_2, leurs coefficients de self-induction, y compris les masses
de fer qui agissent sur ces circuits et enfin par M le coefficient d'induction mutuelle du circuit 1 sur le circuit 2.
L'onde électrique qui traverse le circuit du téléphone et
qui est induite par une onde sinusoïdale $A \sin 2\pi nt$ du circuit microphonique est définie par la relation :

$$I = \frac{A M I_0}{C} \cos (2\pi nt + \varphi)$$

dans laquelle on a :

$$C^2 = \left[-2\pi n (Q_1 Q_2 - M^2) + \frac{R_1 R_2}{2\pi n} \right]^2 + (R_1 Q_2 + R_2 Q_1)^2$$

et

$$\operatorname{tg} \varphi = \frac{-2\pi n (Q_1 Q_2 - M^2) + \dfrac{R_1 R_2}{2 n\pi}}{R_1 Q_2 + R_2 Q_1}$$

La grandeur de l'amplitude aussi bien que la phase φ
apparaissent comme des fonctions du nombre des vibrations
n. Les différents sons simples qui entrent dans la composi-

tion d'un son complexe ne seront donc pas modifiés de la même façon et ceci aura une influence très fâcheuse sur la transmission. On éviterait cet inconvénient si l'on pouvait faire disparaître le terme

$$y = -2\pi n\,[Q_1 Q_2 - M^2] + \frac{R_1 R_2}{2\pi n}$$

qui introduit le nombre de vibrations n dans les équations précédentes. Mais comme n n'est pas constant et peut varier dans les sons de la voix humaine de 50 à 100, il est impossible de satisfaire exactement à cette condition. On peut néanmoins faire en sorte que la valeur de y demeure toujours petite. Il importe pour cela, que l'expression $(Q_1 Q_2 - M^2)$ soit aussi petite que possible. Dans ces conditions, la valeur de y restera sensiblement constante, même pour d'assez fortes variations de n, et l'influence du nombre des vibrations sur la qualité de la transmission se trouvera diminuée dans une très forte mesure. Pour que cette condition soit satisfaite, il faut éviter de placer dans la ligne, en même temps que la bobine d'induction, d'autres bobines renfermant des masses de fer, les électro-aimants des appareils de sonnerie et des annonciateurs, par exemple, ce qui aurait pour effet d'augmenter la valeur du coefficient de self-induction. Nous aurons à nous souvenir plus tard de cette condition, lorsque nous nous occuperons des postes téléphoniques et de l'agencement des commutateurs dans les bureaux centraux.

Si l'on étudie de plus près l'expression précédente, on reconnaît que la transmission renforce les sons bas pour des valeurs positives de y et les sons hauts pour des valeurs négatives. Cette remarque est surtout importante au point de vue de la transmission téléphonique par câbles où les sons bas sont reproduits avec une force relativement trop grande à cause de la valeur élevée du coefficient de self-induction de la ligne. J'ai indiqué, dans les *Annales de Wiedemann* (1882, p. 596), comment on arrive aux formules de la page précédente.

c) L'appel.

Pour qu'une installation téléphonique soit complète, il faut que chaque poste puisse appeler le bureau central ou le poste correspondant.

Lorsqu'il s'agit de courtes distances, on peut employer le sifflet d'appel qui s'adapte au téléphone Siemens. Cet appareil est formé (fig. 27) par un tube conique en ébonite qui se place sur l'embouchure d'un téléphone. Dans l'intérieur du tube se trouve vissée une double équerre en laiton w sur laquelle est fixé un large ressort à languette b. La partie supérieure de ce ressort s'écarte un peu de l'équerre et recouvre une ouverture carrée ménagée dans cette dernière pièce. Quand on souffle dans le tube, la languette se met à vibrer et produit un son aigu qui se communique à la membrane téléphonique placée au-dessous. Pour renforcer les vibrations, un petit marteau h, qui joue librement dans une ouverture pratiquée à la partie inférieure de l'équerre, appuie sur la membrane du téléphone. Les vibrations de l'air se transmettent au marteau h, qui frappe sur la membrane et augmente l'amplitude de ses mouvements.

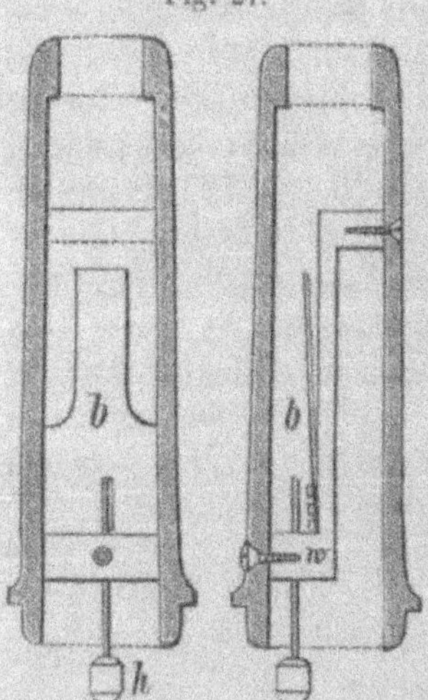
Fig. 27.

Lorsque l'appel doit être fait à de grandes distances ou dans un local qui n'est pas tout à fait tranquille, il faut recourir à l'emploi des sonneries ordinaires. Celles-ci peuvent se classer en deux catégories : les sonneries à piles et les sonneries à courants alternatifs. Les premières sont actionnées par des piles et ont la forme bien connue de sonneries d'appartements. Dans certains cas spéciaux, on leur donne une forme particulière. Ainsi la figure 28 représente un modèle de sonnerie employée dans les

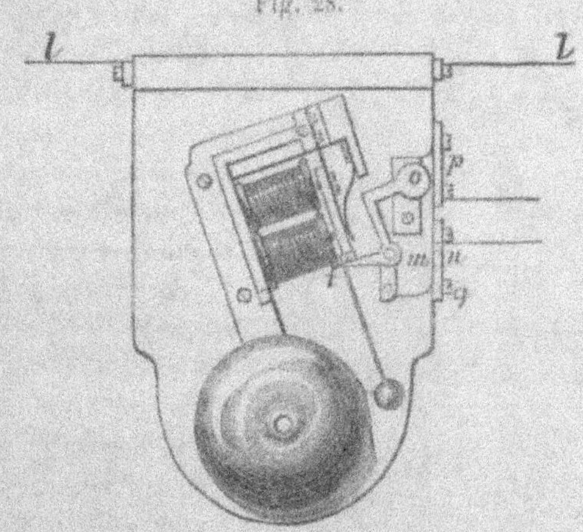

Fig. 28.

postes téléphoniques de l'administration des postes allemandes, et construite de façon à mettre en branle, toutes les fois qu'elle est traversée par un courant venant de la ligne, une deuxième sonnerie, placée dans une autre partie de la maison. A cet effet, l'armature de l'électroaimant porte un taquet isolé t contre lequel appuie l'une des extrémités d'un levier coudé mobile autour du point m. A l'autre extrémité de ce levier est fixé un petit disque o qui joue le rôle des plaques d'annonciateur. Dès qu'un

courant anime l'électro-aimant, l'armature est violemment
attirée, le bras inférieur du levier échappe et ce dernier
pivote tout entier, entraîné par le poids du disque o, autour
de l'axe m. Dans sa nouvelle position, le levier repose sur la
butée n et établit une communication électrique entre les
bornes p et q, fermant ainsi le circuit d'une pile locale et
d'une deuxième sonnerie. Cette sonnerie fonctionne naturellement jusqu'à ce que l'on vienne relever le disque o,
devenu visible à l'extérieur de la boîte, et le replacer dans
sa position première.

Parfois on a avantage à ne pas envoyer le courant de la
pile directement dans la
ligne, mais à transformer
ce courant continu en un
courant alternatif, au
moyen d'une bobine d'in-
duction et d'un interrup-
teur. Lorsqu'il s'agit de
sonner à travers une
grande résistance, il peut,
dans certains cas, être
avantageux de recourir à
cet artifice. Inutile d'a-
jouter qu'il y a toujours
perte d'énergie dans cette
transformation et que les
appareils récepteurs doivent être de forme spéciale.

Fig. 29.

Dès que les installations téléphoniques présentent une
certaine importance, l'emploi de sonneries à courants alternatifs actionnées par des courants d'induction est de beaucoup préférable à l'emploi des sonneries à pile. Mais pour
supprimer complètement la pile, il faut remplacer la bobine d'induction et l'interrupteur par une petite machine
magnéto-électrique. La figure 29 représente les éléments

essentiels d'une machine de ce genre. Elle se compose d'un
faisceau d'aimants permanents formé par la réunion de trois
aimants en fer à cheval m, auxquels sont fixés des épanouissements polaires en fer doux. Dans l'espace laissé
libre entre les pièces polaires, vient se loger la bobine induite qui remplit aussi exactement que possible cette ouverture cylindrique.

La bobine est formée par un fer à double T (fig. 30),
genre Siemens, autour duquel est enroulé du fil de cuivre
extrêmement fin recouvert de soie. L'une des extrémités
de l'enroulement est reliée à la goupille isolée t, qui de son
côté communique avec la pièce s, également isolée de l'axe.
L'autre extrémité du fil est directement soudée à l'axe qui

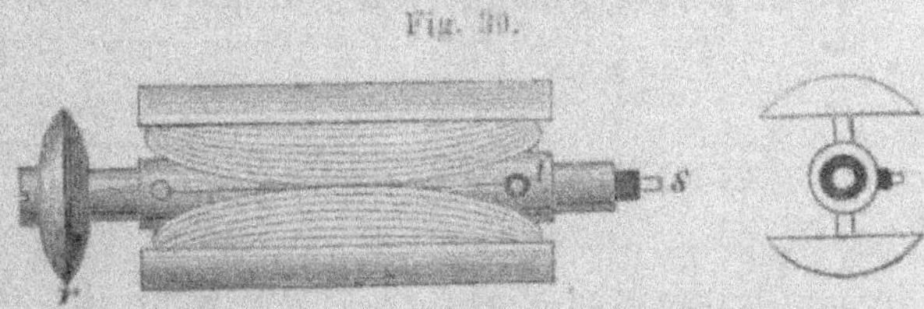

Fig. 30.

tourne entre deux paliers convenablement disposés et peut
être mis en mouvement au moyen de la poulie r. Le courant est recueilli par un fil relié à l'un des supports
d'une part et, d'autre part, par un ressort qui frotte sur
le bout isolé s de l'axe.

Le fonctionnement de l'appareil dépend beaucoup de la
forme du fer à double T. Si l'on pouvait distribuer les
masses de fer de telle façon que, pendant toute la durée d'une
révolution, le champ magnétique demeurât homogène, on
aurait dans le fil de la bobine un courant dont la figure 31 a
donnerait la représentation graphique, c'est-à-dire un courant sinusoïdal.

La position neutre correspondrait au passage des épa-

nouissements du noyau devant les pôles des aimants ;
l'intensité passerait à ce moment par zéro pour devenir
négative un instant après, de positive qu'elle était un instant
avant. Dans la position normale à la précédente, lorsque
les plans des spires seraient parallèles aux lignes de force,
l'intensité du courant induit aurait sa valeur maxima. Mais
en pratique, ce champ magnétique homogène ne saurait
être réalisé ; l'intensité des diverses parties du champ
varie avec le déplacement du noyau de la bobine, et l'on
peut dire que la distribution des lignes de force est différente pour chaque position de ce dernier. Les dimensions
du noyau comparées à celles des pièces polaires jouent donc
un rôle très important.

Supposons que les épanouissements du noyau soient trop

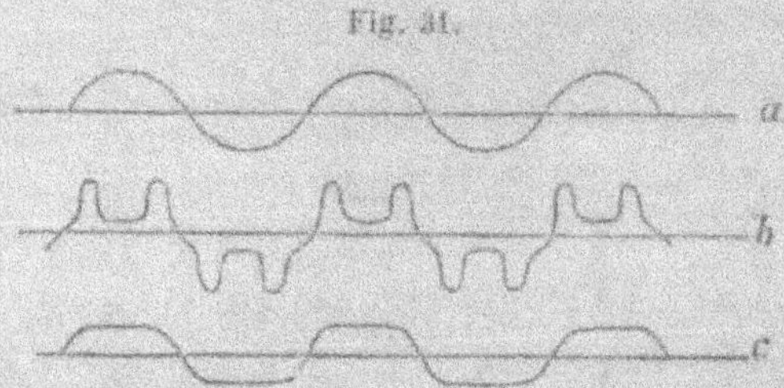

Fig. 31.

petits, c'est-à-dire qu'ils ne remplissent pas l'intervalle
compris entre les pièces polaires ; il est facile de voir que
le magnétisme du noyau variera par sauts brusques. Exami-
nons ce qui se passe pendant une révolution complète pour
l'un des épanouissements du noyau. Dans la position horizontale, la position neutre, cette pièce est un pôle nord ;
à mesure que la bobine tourne, l'aimantation diminue, elle
disparaît un instant complètement, dans la position verticale,
puis reprend en changeant de signe, passe par son maximum dans la position neutre, disparaît de nouveau brus-

quement dans la position normale à la ligne neutre, reprend encore en changeant de signe pour devenir maxima au poin dont nous sommes partis. Le magnétisme de chacun det épanouissements du noyau éprouve donc, pour un tour complet, quatre changements brusques. Le courant induit étant proportionnel à la variation du magnétisme, la courbe du courant devra également présenter quatre ressauts brusques séparés par des intervalles où l'intensité est presque nulle (fig. 31 *b*).

Le cas inverse est celui d'un noyau ayant des épanouissements tellement larges que, dans la position verticale, il se trouve en prise avec les deux pièces polaires. Dans ce cas, aucun des épanouissements ne peut jamais perdre complètement son magnétisme ; les épanouissements se polarisent transversalement dans la position verticale, l'une des moitiés devenant un pôle nord, l'autre un pôle sud. Le magnétisme varie sans cesse, mais lentement ; aussi la courbe qui représente ce cas (fig. 31 *c*), au lieu de montrer des impulsions énergiques comme les courbes précédentes, indique-t-elle une intensité faible, répartie sur toute la rotation. Au point de vue du fonctionnement des sonneries, l'un et l'autre cas sont également défavorables. Ce qu'il importe, en effet, c'est de produire une aussi grande quantité d'électricité que possible. Des impulsions de courant fortes, mais de très courte durée, sont aussi peu utiles que des impulsions de courant qui durent longtemps mais qui sont faibles. On obtiendra les meilleurs résultats en cherchant à se rapprocher le plus possible de la forme sinusoïdale représentée sur la figure 31 *a*. C'est l'expérience seule qui enseigne quelle forme il faut au juste donner au noyau, et quelle est la qualité de fer la plus avantageuse, car ce dernier élément exerce également une grande influence sur l'allure du courant. Avoir des aimants très puissants et du fer très doux pour le noyau : voilà les principales conditions

à remplir. Pour ce qui concerne la forme du noyau,
celle-ci doit être telle que le jeu entre les épanouissements
du noyau et les pièces polaires soit le moindre possible,
et que, dans la position verticale, l'intervalle entre les pièces
polaires se trouve exactement rempli.

Le générateur produisant des courants alternatifs, il faut
que la sonnerie qu'il actionne soit pourvue d'une armature
polarisée. Il y a avantage à utiliser les deux impulsions de
courant, l'impulsion négative aussi bien que l'impulsion
positive, de façon à avoir deux coups sur le timbre pour une

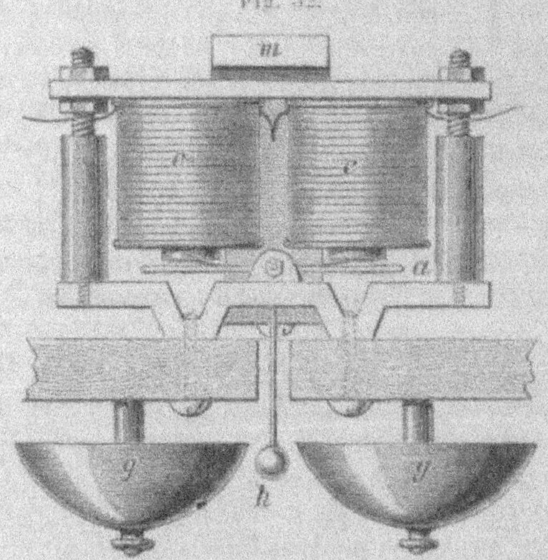

Fig. 32.

révolution complète de la machine. La figure 32 représente
une sonnerie de ce genre. Elle se compose de deux électro-
aimants e, et d'une armature a polarisée par l'aimant permanent m. Le battant fixé à l'armature frappe alternativement
sur chacun des timbres g. La sensibilité de la sonnerie est
sensiblement augmentée si l'aimant permanent, au lieu de

toucher la culasse des électro-aimants, se trouve placé à une distance de 5 millimètres de celle-ci. Ce dispositif permet surtout de régler la position de l'armature avec beaucoup de précision. Les sonneries à courants alternatifs, employées dans les réseaux téléphoniques, ont en général une résistance de 150 à 200 ohms et demandent pour fonctionner une intensité de 3 milli-ampères au minimum.

On pourrait se servir d'un commutateur pour redresser les courants alternatifs et faire usage alors de sonneries ordinaires. Mais un commutateur complique la machine et augmente surtout le nombre des ressorts qui sont toujours un point faible dans les appareils fréquemment employés. On obtient d'ailleurs le même résultat par un procédé plus simple. On place sur le bout isolé de l'axe (fig. 30) qui est relié à l'une des extrémités de l'enroulement, une bague en laiton dont la moitié est recouverte par une plaque en ébonite. C'est sur cette bague que porte le ressort destiné à recueillir le courant. Lorsque la position relative de l'anneau et de la bobine est bien réglée, le ressort ne recueille que les courants positifs ou les courants négatifs. Pour chaque révolution, la pièce en ébonite coupe en effet la communication entre le ressort et la bobine pendant le temps que celle-ci met à faire un demi-tour.

Dans d'autres cas, sur lesquels nous aurons à revenir plus tard, il importe surtout d'avoir des courants alternatifs dont la durée soit aussi courte que possible et les variations très fortes. On incruste alors dans la bague en laiton deux pièces d'ébonite diamétralement opposées, et l'on isole la bague de telle façon que le ressort ne communique avec les spires qu'aux deux instants où l'intensité induite est maxima.

Une question se pose ici : est-il plus avantageux, dans une installation téléphonique, d'employer des piles ou des machines d'induction ? L'expérience s'est très franchement

prononcée en faveur des générateurs magnéto-électriques.
L'emploi de ces générateurs présente en effet deux grands
avantages : il supprime les piles ou du moins réduit leur
nombre à un strict minimum. Or c'est là un point très
important, car, dans un réseau d'une certaine importance,
les piles se comptent par milliers, et tous ces éléments,
distribués en une infinité d'endroits et placés dans les conditions les plus diverses, doivent toujours bien fonctionner.
Les piles sont l'objet d'une surveillance continue, tandis que
les générateurs magnéto-électriques ne nécessitent pour
ainsi dire aucun soin ; il suffit de les nettoyer et de graisser
les paliers une fois tous les deux ou trois ans. A côté de la
simplification énorme introduite dans le service journalier,
les générateurs magnéto-électriques présentent encore l'a-
vantage d'être des appareils très puissants. La résistance
moyenne des bobines est de 1,000 ohms et l'on peut sonner
facilement à travers des résistances de 10 à 15,000 ohms.
Une résistance de 10,000 ohms représente 800 kilomètres
de fil de fer de 3 millimètres de diamètre ou 3,000 kilomètres de fil de cuivre de 2 millimètres de diamètre. Une
certaine partie du courant se perd évidemment par les supports qui sont toujours imparfaitement isolés, mais il n'en
est pas moins vrai que ces petits appareils peuvent actionner
des sonneries à des distances de plusieurs centaines de kilomètres. Pour obtenir le même résultat avec des piles, il
faudrait, dans chaque poste, mettre une batterie de 60 éléments ou même davantage, puisqu'une sonnerie ordinaire
fonctionne encore avec un courant de 8 milli-ampères
environ.

Pour que le service, dans un réseau téléphonique étendu,
se fasse avec toute la sécurité désirable, il faut évidemment
que chaque poste relié à un autre poste quelconque du
réseau, puisse indiquer, par un fort signal, la fin de la
conversation. Or, il peut très bien arriver, même avec

l'extension actuelle des réseaux, que deux lignes de 100 kilomètres de longueur, plus longues même, se trouvent reliées l'une à l'autre. Les générateurs magnéto-électriques suffisent amplement à assurer le service dans ce cas, tandis qu'on ne saurait songer à placer dans chaque poste un nombre équivalent d'éléments, ce qui montre combien ce dernier mode d'appel est peu propre au service des grands réseaux.

On invoque souvent en faveur des piles la facilité avec laquelle elles permettent d'envoyer dans la ligne à volonté, des courants positifs ou négatifs, condition nécessaire au point de vue du fonctionnement de certains commutateurs à armature polarisée. A ceci, on peut objecter que les appareils de ce genre sont encore aujourd'hui d'un emploi très rare et que, de plus, les générateurs magnéto-électriques se prêtent également bien, comme nous l'avons vu plus haut, à l'émission des courants de même sens, capables d'actionner des relais à armature polarisée.

L'emploi de sonneries à piles se justifie dès qu'il s'agit de petits réseaux où les microphones sont à contacts multiples et où la batterie qui alimente le microphone peut en même temps servir de batterie de ligne. On peut d'ailleurs, si les distances ne sont pas très grandes, donner au générateur magnéto-électrique une forme plus simple, telle que celle imaginée par M. Abdank-Abakanowicz. L'appareil se compose (fig. 33) d'une bobine d à fil très fin, fixée à une lame de ressort b et placée entre les pôles d'un fort aimant en fer à cheval. Si, au moyen de la poignée e, on écarte la bobine de sa position d'équi-

Fig. 33.

libre et qu'on l'abandonne ensuite à elle-même, elle accomplit, par suite de l'élasticité du ressort b, une série d'oscillations entre les pôles de l'aimant ; des courants induits prennent naissance dans le fil de la bobine et peuvent actionner une sonnerie polarisée. L'enroulement de la bobine est relié aux bornes de l'appareil par la lame élastique b et par un ressort à boudin très mince et très flexible a.

d) Les piles.

Les piles peuvent, en téléphonie, servir à deux usages différents : tantôt elles fournissent le courant au microphone, tantôt elles actionnent les sonneries d'appel. Dans l'un et l'autre cas, elles sont employées pendant un temps relativement court, vingt ou trente minutes par jour en moyenne. Elles doivent, en revanche, être d'un fonctionnement sûr et présenter une résistance intérieure aussi faible que possible et une force électromotrice très élevée lorsqu'elles sont destinées à alimenter des microphones. Il faut encore qu'elles soient peu sensibles aux variations de température, ainsi qu'aux autres influences extérieures et qu'elles soient aussi d'un entretien facile. On s'accorde à reconnaître que l'élément Leclanché est celui qui, aujourd'hui du moins, satisfait le mieux à ces diverses conditions ; aussi est-il presque universellement employé dans le service téléphonique.

Fig. 34.

La figure 34 montre quelle est la construction ordinaire de cet élément.

Le vase en verre a la forme d'un prisme quadrangulaire de 15 centimètres de hauteur, qui peut contenir 850 grammes d'eau, et dont le bord supérieur est enduit de paraffine pour arrêter les sels grimpants. La forme quadrangulaire assure une utilisation aussi avantageuse que possible de l'espace réservé aux piles. Une des électrodes est constituée par une plaque de charbon taillée dans du charbon de cornue très bon conducteur. Pour permettre une prise de courant facile et sûre, cette électrode est terminée par une garniture en plomb que l'on vient couler à l'extrémité de la plaque de charbon. La partie supérieure de l'électrode, ainsi que la garniture en plomb, sont toutes deux noyées dans un mélange bouillant de cire et de paraffine destiné à remplir les pores et à arrêter les sels grimpants qui pourraient attaquer le plomb et compromettre la communication électrique.

Pour protéger la garniture en plomb contre les actions extérieures, on l'enduit d'un mélange de résine et de goudron.

La deuxième électrode est un bâton de zinc de 10 millimètres de diamètre environ. Le zinc est du zinc étiré que l'on doit avoir soin de choisir aussi pur que possible, et de bien amalgamer avant de l'employer. Le liquide excitateur est une solution de 100 grammes de chlorhydrate d'ammoniaque dans 350 grammes d'eau pure. Le sel ammoniaque doit être pur, et notamment ne pas contenir de sels de plomb, comme il arrive fréquemment par suite du mode de fabrication. Pour éviter la polarisation de l'électrode en charbon, résultant de l'hydrogène qui vient se déposer sur cette électrode pendant le fonctionnement de l'élément, on place la plaque de charbon entre deux autres plaques connues sous le nom *d'agglomérés*. Les agglomérés sont une pâte composée de 40 parties de bioxyde de manganèse, 50 de charbon de cornue granuleux,   de bisulfate de potasse et 4 de gomme laque. Ce mélange est fondu à la température de 100° C et comprimé dans des moules sous une pression de 300 atmosphères. L'élément le plus actif du mélange est le bioxyde de manganèse, qui est une combinaison très riche en oxygène et se transforme très facilement en Mn^2O^3 en abandonnant un équivalent d'oxygène.

Au point de vue chimique, cette pile est composée : de charbon, de bioxyde de manganèse, de sel ammoniaque, d'eau et de zinc. Voici la théorie qu'on en donne : pendant le fonctionnement de l'élément, il y a dissolution de zinc et décomposition de sel ammoniaque ; des sels de zinc se forment et une certaine quantité d'hydrogène est mise en liberté et tend à se porter sur l'électrode de charbon et à la polariser. Mais l'hydrogène se combine avec de l'oxygène emprunté au bioxyde de manganèse pour former de l'eau, ce qui empêche la polarisation en réduisant une certaine quantité de MnO^2 en Mn^2O^3. Le sesquioxyde de manganèse se transforme de nouveau en bioxyde sous l'action de l'oxygène de l'air. Grâce à cette régénération continue du bioxyde de manganèse, la polarisation doit, théoriquement, ne jamais se produire.

A côté de cette propriété très précieuse, la pile Leclanché présente d'autres avantages : elle est extrêmement simple et d'un prix modique. Elle n'emploie pas d'acides, ne répand, en marche normale, aucune mauvaise odeur, demeure constante tant que le circuit est ouvert, possède enfin une résistance intérieure très faible (0,7 ohm) et une force électromotrice relativement élevée (1,45 volt). Convenablement montée, elle peut marcher de un à deux ans sans que l'on ait à y toucher, si ce n'est de temps en temps pour verser dans les vases de l'eau, afin de compenser les pertes dues à l'évaporation. Le point le plus faible est la prise de courant sur l'électrode en charbon. Si la garniture en plomb n'est pas montée avec beaucoup de soin, il peut arriver qu'une

couche gazeuse ou des saletés pénètrent entre le plomb et
le charbon et produisent un mauvais contact, ce qui rend
l'élément absolument inutilisable. Si le charbon n'a pas été
convenablement imprégné de paraffine, le liquide monte et
détruit également le contact. On a proposé de substituer à
la chape de plomb différents contacts, notamment des vis
de serrage en laiton.

Un autre inconvénient peut se produire lorsque le bâton
de zinc se recouvre d'une couche de sels insolubles résultant
des réactions chimiques qui interviennent dans le fonctionnement de l'élément.

Ces sels conduisent mal l'électricité et augmentent la
résistance de la pile. Pour porter remède à cet inconvénient on recommande d'employer une solution saturée de
sel ammoniac, attendu que beaucoup de sels de zinc insolubles dans une solution non saturée se dissolvent dans
une solution saturée. L'amalgamation du zinc est également
une très bonne chose à ce point de vue. Les expériences de
Reynier montrent d'ailleurs que le zinc amalgamé empêche
aussi les actions locales, c'est-à-dire l'attaque lente du
zinc en circuit ouvert.

Lorsque l'élément n'est jamais employé que pendant un
temps relativement court, quelques minutes, il peut se
dépolariser dans l'intervalle qui sépare deux fermetures du
circuit, le bioxyde réduit reprenant à l'air tout l'oxygène
perdu. Mais dès qu'on demande à la pile un fort courant
pendant un certain temps, on voit la force électromotrice
baisser assez rapidement et tomber à la moitié de sa valeur
primitive. Ceci a fait supposer que le bioxyde de manganèse
n'exerçait pas l'action chimique qu'on lui attribuait, mais
qu'il diminuait la polarisation en augmentant tout simplement la surface de l'électrode négative. Ce qui tendrait à
confirmer cette hypothèse, c'est que l'action du charbon à
gros grains est beaucoup plus énergique que celle du char-

bon à grains fins. On est arrivé, dans cet ordre d'idées, à former l'électrode en charbon d'une série de cylindres creux (fig. 35). Dans la pile de Lessing, le charbon et le bioxyde de manganèse sont mélangés et moulés sous pression, l'électrode est un cylindre de grande surface.

Lorsqu'on a besoin d'un élément qui puisse rester fermé d'une façon permanente ou du moins pendant un temps très long, la pile Leclanché n'est plus suffisante, car la dépolarisation ne se fait pas assez vite. On emploie, dans ce

Fig. 35.

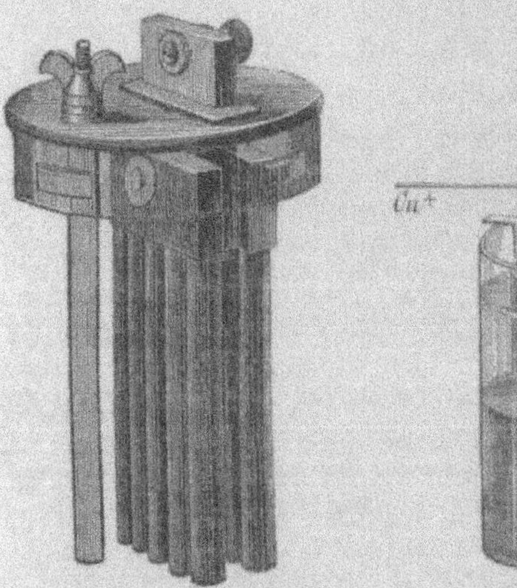

cas, l'élément Callaud. Cet élément (fig. 36) se compose de deux métaux qui plongent dans deux liquides différents; zinc et sulfate de zinc, cuivre et sulfate de cuivre. Les deux liquides ne sont pas, comme dans la pile Daniell, séparés par un vase poreux, ils sont tout simplement séparés, et c'est là le côté original de l'élément, par la différence des poids spécifiques, le sulfate de cuivre occupant le fond du vase et le sulfate de zinc plus léger, la partie supérieure. Ainsi que le montre la figure ci-contre, le zinc a la forme d'un cylindre et est suspendu par trois crochets au bord circulaire du vase. Le cuivre repose sur le fond du récipient, la prise des courants se faisant au moyen d'une tige vissée dans le cylindre et soudée à ce dernier. Cette tige est enfilée dans un tube en gutta-percha sur toute la partie de sa hauteur baignée par le sulfate de zinc. Pour éviter le mélange des deux liquides, il faut maintenir la solution de sulfate de cuivre constamment saturée. A cet effet, le sel de cuivre doit toujours être en excès, et le fond du récipient recouvert de cristaux non dissous. La résistance de ces éléments est de 4 à 5 ohms, c'est-à-dire dix fois plus grande que celle de l'élément Leclanché, tandis que la force électromotrice est un peu plus faible.

Cette pile fournit donc une quantité d'énergie électrique moindre que la pile Leclanché, mais, en revanche, elle se conserve mieux. On recommande de la monter dans un endroit tranquille bien qu'à ce point de vue elle ne paraisse pas très sensible.

On peut évidemment employer en téléphonie un grand nombre d'autres éléments, pourvu qu'ils satisfassent aux conditions requises pour ce genre de service. Nous nous sommes borné à décrire les deux types dont l'usage est presque exclusif.

e) Précautions contre la foudre.

Les appareils téléphoniques étant des instruments délicats et d'un prix relativement élevé, on a soin de les protéger contre la foudre et en général contre les décharges d'électricité atmosphérique, par des dispositifs que nous allons brièvement indiquer. Les parafoudres usités ont, en général, la même forme que ceux dont il est fait usage en télégraphie; on a cherché cependant à simplifier cette forme en l'appropriant mieux à un appareil qui est d'un usage courant et est appelé à fonctionner sans aucune surveillance spéciale.

Les systèmes de parafoudres peuvent être classés en deux catégories distinctes. La première est basée sur l'emploi d'un fil de sûreté. Dès qu'un courant d'une certaine intensité, déterminée à l'avance, passe par le fil en question, celui-ci fond, et, établissant une communication à la terre, ouvre un chemin au courant en dehors de l'appareil, qui se trouve protégé. La seconde catégorie utilise la propriété bien connue que présentent les courants à haute tension, de choisir, pour se rendre à la terre, la voie la plus courte, même en franchissant de minces couches d'air.

La première forme de parafoudre est employée, d'une façon très ingénieuse, dans les postes téléphoniques de l'empire allemand. La figure 37 représente ce système de parafoudre connu sous le nom de parafoudre à fuseau. La figure 37 est une vue d'ensemble de l'appareil et montre en même temps le détail du fuseau qui est la pièce essentielle ; la figure 38 est une coupe de cette pièce, formée par une tige en acier, sur laquelle sont montés trois cylindres en laiton m_1, M, m_2 isolés les uns des autres. Le cylindre du milieu M, est monté directement sur le fuseau et soudé à ce dernier. Les deux extrémités de ce cylindre M sont tournés à un diamètre un peu moindre que la partie médiane. Sur ces extrémités, vient s'enrouler un fil de cuivre très fin de 0,1 de millimètre de diamètre recouvert de soie. Les pièces m_1 et m_2 sont isolées, au moyen de manchons en ébonite, du fuseau et du cylindre M. La pièce centrale M porte, aussi bien que les manchons en ébonite, une rainure hélicoïdale dans laquelle vient se loger le fil qui s'enroule sur les extrémités amincies m. Les deux bouts de ce fil sont soudés aux manchons m_1 et m_2, en sorte que ces deux pièces se trouvent reliées électriquement, tandis qu'elles restent isolées de la pièce M par la couche de soie qui entoure le fil. Ainsi préparé, le fuseau est introduit,

Fig. 37.

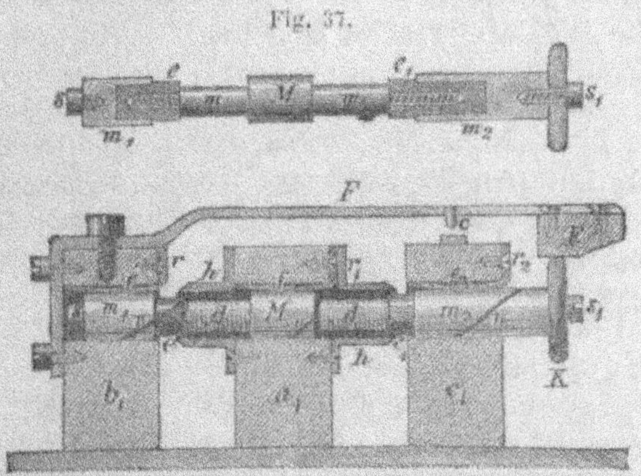

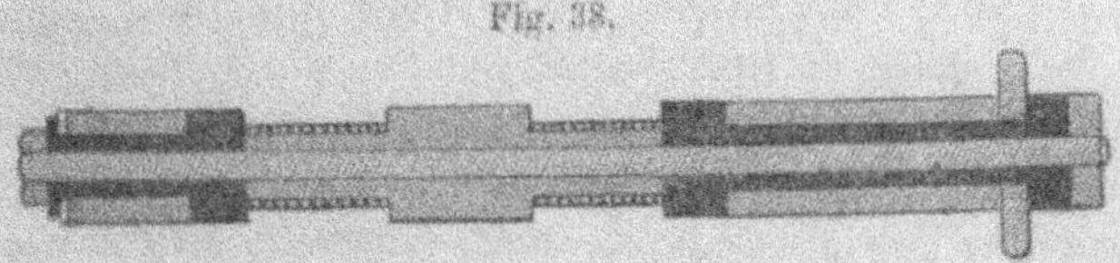

à frottement doux, dans les ouvertures ménagées à la partie supérieure de trois supports en laiton a_1, b_1, c_1. Les ressorts métalliques f, qui exercent une certaine pression sur les cylindres, m_1, m_2 et M, servent en même temps à mieux

Fig. 38.

guider l'axe et à assurer les communications électriques. Le support de gauche b_1 est relié à l'appareil, celui de droite c_1 à la ligne et le support intermédiaire a_1 communique avec la terre. La ligne passe donc du support de droite au support de gauche à travers le fil enveloppé de soie ; du support de gauche, elle se rend à l'appareil. Lorsqu'un courant d'une intensité trop élevée traverse la ligne et arrive au parafoudre, le fil est immédiatement fondu ; mais, en même temps, l'enveloppe de soie étant détruite, une communication électrique se trouve établie entre le fil et le cylindre M et le courant est conduit à la terre ; l'appareil est garanti contre tout accident, puisque au même instant la fusion du fil coupe la communication avec la ligne. Le fil une fois fondu, il faut, pour remettre le poste en état, changer le fuseau du parafoudre. Cependant, comme il serait fâcheux que l'appareil restât quelques temps hors d'usage, on se borne à retirer provisoirement le fuseau et ceci assure de nouveau le fonctionnement du poste. Sur le support de gauche est fixée, en effet, une lame de laiton F, munie d'une pointe en platine C, laquelle vient à ce moment appuyer sur un contact platiné solidaire du support c_1 ; une communication directe se trouve donc établie entre les supports extrêmes de droite et de gauche, c'est-à-dire de la ligne à l'appareil, le fuseau étant hors circuit. Dès qu'on replace un nouveau fuseau, le disque K soulève le bloc en ébonite E vissé à l'extrémité de la lame F et rompant le contact entre la pointe C et le support c_1 remet en circuit le fil du fuseau de rechange.

Les postes téléphoniques sont souvent munis d'un parafoudre composé de trois plaques de laiton placées en regard, ainsi que le montre la figure 39. Les plaques 1 et 2 sont terminées d'un côté par des peignes que l'on rapproche autant que possible de la plaque 3. L'appareil est intercalé entre les plaques 1 et 2 ; la plaque 3 est reliée à la terre et les courants trop forts arrivant de la ligne dans les plaques 1 et 2 doivent être conduits par les peignes à la plaque 3 et de là à la terre. Il existe de plus entre les plaques voisines des ouvertures rondes dans lesquelles peuvent être enfoncées des chevilles métalliques : grâce à ce dispositif, le parafoudre joue en même temps le rôle d'un commutateur très commode. Si l'on place une cheville entre 1 et 3, la ligne L est mise à la terre ; en plaçant la cheville entre 1 et 2 , c'est la ligne A qui est mise à la terre. Pendant un orage violent, on peut, pour plus de sûreté, établir ces communications directes de la ligne à la terre. On peut, enfin, en

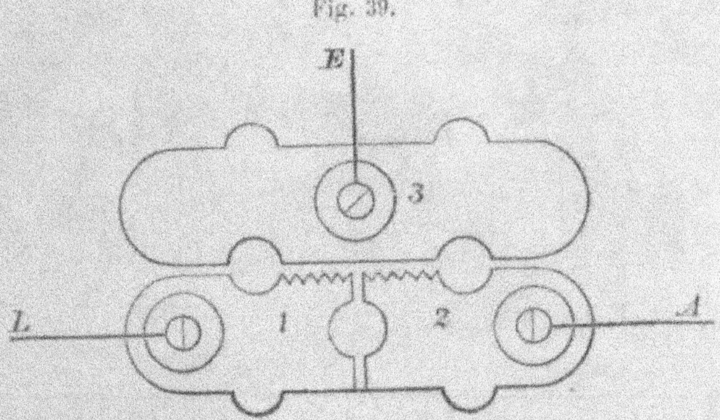

Fig. 39.

enfonçant une cheville entre 1 et 2 mettre l'appareil en court circuit, ce qui est extrêmement commode au point de vue de la recherche des défauts dans la ligne ou dans l'appareil.

La figure 40 représente en perspective et en coupe un parafoudre simple et solide. Sur une plaque métallique carrée se trouve vissée une deuxième plaque également en métal, mais de forme cylindrique. Ces plaques sont séparées par une bague en ébonite qui laisse entre elles un très petit espace libre. Pour augmenter la sensibilité de l'appareil, on tourne, dans la plaque inférieure, une série de cercles concentriques qui, en section, figurent des peignes ou des dentelures régulières, tandis qu'on ménage sur la plaque supérieure une série d'arêtes parallèles, en sorte que l'on a, dans n'importe quelle position relative de deux plaques, un grand nombre d'angles saillants, qui se coupent normalement et facilitent le passage, d'une plaque à l'autre, des courants de haute tension. Ce parafoudre est tellement sensible que, même les courants induits dans une toute petite bobine d'induction, alimentée par le courant d'un

Fig. 40.

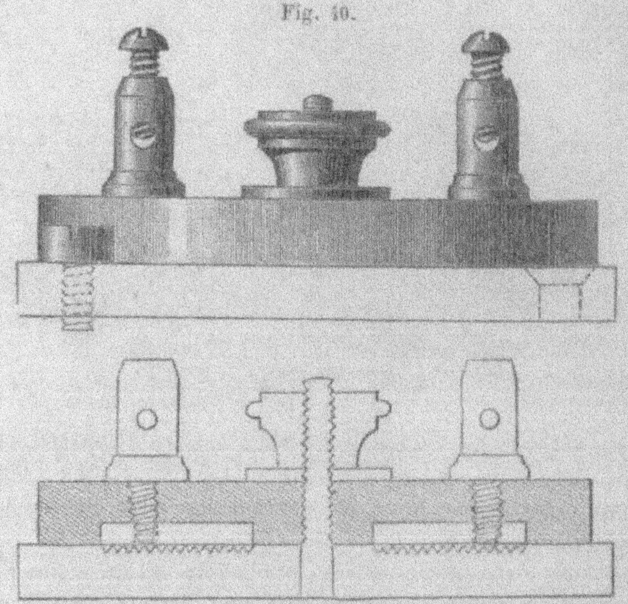

seul élément, au lieu de passer d'une borne à l'autre, franchissent la couche d'air qui sépare les peignes et se rendent à la terre.

En Amérique, on emploie une forme particulière de parafoudre connue sous le nom de parafoudre automatique. Cet appareil se compose essentiellement d'un électro-aimant intercalé dans la ligne. L'armature de cet électro est également reliée à la ligne, et appuie en temps normal, sous l'action d'un fort ressort, contre un contact qui communique avec les appareils du poste. Lorsqu'un courant trop énergique traverse la ligne, et par suite, les spires de l'électro-aimant, celui-ci attire son armature et, rompant le circuit entre les appareils et la ligne, met celle-ci à la terre. Dès que le courant excitateur prend fin, l'armature revient à son contact de repos et les appareils se trouvent automatiquement replacés sur la ligne.

Dans les bureaux centraux où vient aboutir un grand nombre de fils, il s'agit d'avoir des parafoudres aussi peu

Fig. 41.

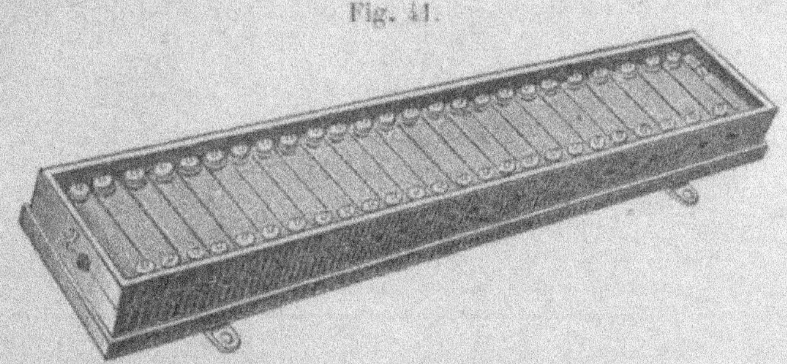

encombrants que possible, et en même temps d'un fonctionnement sûr. La figure 41 montre un dispositif qui est souvent employé dans ce cas et donne de bons résultats. L'appareil est construit pour 25 fils et se compose d'une plaque allongée sur laquelle sont montées les lamelles auxquelles viennent s'attacher les fils de la ligne; la figure 42 fait voir la coupe et les détails de construction d'une de ces lamelles. La plaque inférieure qui est reliée à la terre, et les lamelles auxquelles aboutissent les lignes sont striées, et cela de telle sorte que les arêtes vives se coupent à angle droit. Les languettes supérieures reposent sur deux règles en ébonite dont la hauteur est juste suffisante pour laisser entre les surfaces striées une mince couche d'air d'un dixième de millimètre environ. Ce parafoudre permet aussi d'isoler facilement les fils de ligne ou de les relier à d'autres contacts, ce qui est particulièrement commode dans le cas où des dérangements se produisent.

On a émis les opinions les plus diverses relativement à l'utilité des parafoudres dans les réseaux téléphoniques. L'expérience a montré que ces réseaux sont complètement, pour ainsi dire, à l'abri des coups de foudre. Cela est d'ailleurs très compréhensible, si l'on songe que tous les fils sont reliés à la terre, et qu'un réseau de ce genre, comprenant plusieurs centaines de fils, doit singulièrement faciliter l'équilibre des tensions de l'électricité atmosphérique. Mais

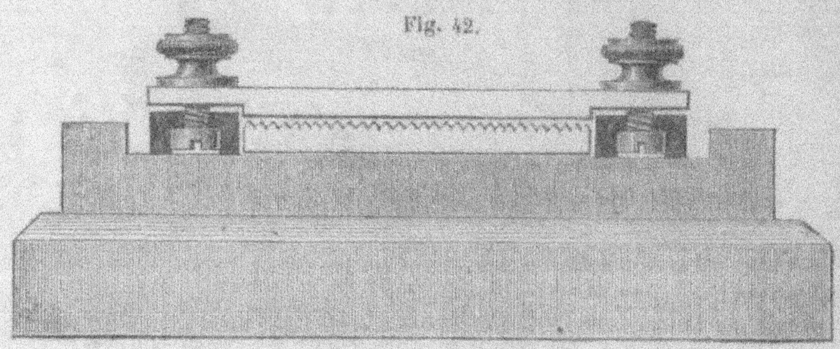

Fig. 42.

si l'on n'a rien ou presque rien à craindre de la foudre proprement dite, il n'en est pas moins vrai que les appareils de téléphonie, avec leur enroulement à fil très fin, doivent être protégés contre l'influence de l'électricité atmosphérique. Bien moins que la foudre ils ont à redouter les grands courants électriques qui, en temps d'orage, se manifestent, après les coups de tonnerre, à la surface aussi bien qu'à l'intérieur de la terre, et occupent généralement une superficie considérable. La chute de la foudre a été très rarement observée, mais on constate fréquemment des dégâts dans les électro-aimants des appareils dépourvus de parafoudres et c'est pour cela que l'emploi de ces derniers ne saurait être trop recommandé.

f) **Les postes téléphoniques.**

Nous venons de passer en revue les parties constitutives d'un poste téléphonique, qui sont le téléphone, le microphone, la sonnerie, la pile et le parafoudre : il s'agit maintenant de grouper convenablement ces éléments. Tous les postes emploient comme récepteurs un ou deux téléphones magnéto-électriques. J'ai peut-être tort de dire tous, car il y a, paraît-il, des systèmes où la réception se fait au moyen de condensateurs, mais je n'ai jamais eu l'occasion d'essayer des postes de ce genre et je ne connais pas de réseau où ce mode de réception soit d'un usage courant. Je m'abstiendrai donc d'en parler. Au point de vue de la transmission, nous distinguerons les postes qui emploient des téléphones magnéto et ceux où l'on se sert de microphones. Nous distinguerons enfin, au point de vue de l'appel, les postes à appel par courants induits et les postes à appel par courants de pile.

La combinaison de deux téléphones Siemens avec la trompette électrique représente le poste le plus simple. L'un des téléphones sert de transmetteur, l'autre de récepteur, et l'appel se fait au moyen de la trompette. L'appel par la trompette n'est applicable que dans certaines conditions, ainsi que nous l'avons fait remarquer plus haut en décrivant cet appareil. Mais, dans les limites de son emploi, ce poste offre de grands avantages, car il est très simple, ne nécessite pas de pile et est d'une manipulation facile. Il y a donc tout lieu de choisir ce poste toutes les fois qu'il s'agit d'établir une communication sur une distance de quelques centaines de mètres et que l'appel par la trompette est suffisant.

Lorsque ce mode d'appel ne suffit pas, on peut employer

avantageusement une bobine d'induction qui permet de n'avoir qu'une pile pour deux postes. Pour de courtes dis-

Fig. 43.

tances, l'appel Abdank est très bon. Mais dès que les postes sont destinés à fonctionner sur de longues lignes, on a

recours aux sonneries à courants alternatifs. La figure 43
représente un poste de ce genre. Dans la boîte est enfermé
le petit générateur magnéto-électrique ; le transmetteur est
un téléphone parlant à haute voix de Bœttcher. La cons-

Fig. 44,

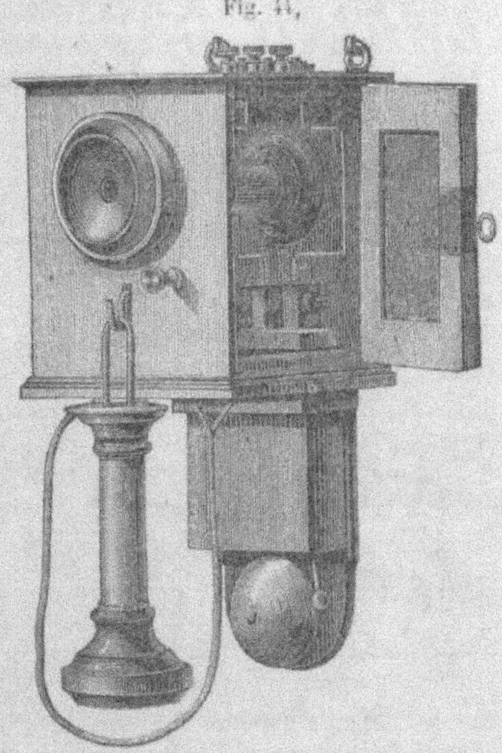

truction de ce téléphone, placé sur le couvercle de la boîte,
est analogue à celle du téléphone Gower. Sous la boîte est
fixée la sonnerie et sur le côté gauche un téléphone qui sert
de récepteur. Ce poste donne des résultats tout à fait satisfaisants, quand la distance de la transmission n'est pas
trop grande. Il a l'avantage de ne nécessiter aucun entretien.

En Allemagne, on emploie des postes dans lesquels le transmetteur est un téléphone magnétique et la sonnerie une sonnerie trembleuse ordinaire. Cette combinaison n'est pas très heureuse, puisqu'on a en même temps et l'inconvénient d'une transmission relativement faible, comme dans tous les appareils sans microphone, et l'ennui d'entretenir des piles. La construction même du poste est d'ailleurs bien comprise. Les figures 44 et 45 montrent les vues extérieure

Fig. 45.

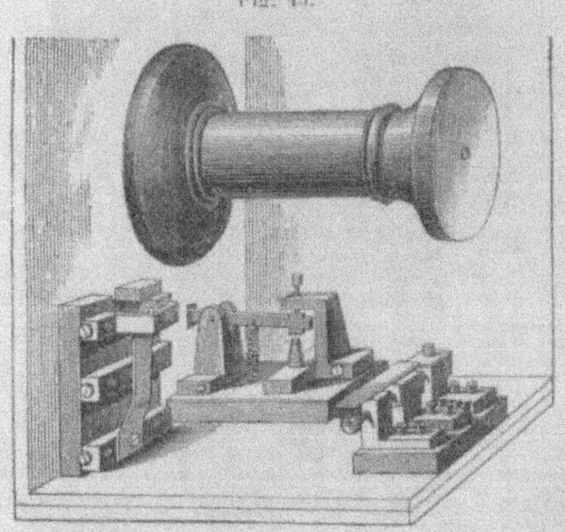

et intérieure de la petite boîte où sont enfermés les différents organes. Le téléphone qui sert de transmetteur est fixé horizontalement, l'embouchure dans laquelle on parle faisant saillie sur la paroi antérieure de la boîte. Au-dessous de l'embouchure se trouve le bouton d'appel et dans le fond de la boîte un parafoudre à fuseau combiné avec un parafoudre à pointes ; ce sont là les organes essentiels du poste.

Le poste qui certainement est le plus répandu, nous vient

d'Amérique, et se compose d'un microphone comme transmetteur et d'un générateur magnéto-électrique comme appareil d'appel. Les éléments du poste doivent être combinés de telle façon que la résistance intercalée dans la ligne soit toujours aussi faible que possible, les conditions du fonctionnement des appareils étant d'autant meilleures que cette résistance est plus petite. Lorsqu'on ne parle pas, les téléphones et le microphone sont hors circuit. Pendant la communication, c'est l'appel qui est hors circuit ; les piles doivent d'ailleurs être normalement ouvertes et fermées seulement le temps que dure la conversation, sans quoi leur usure serait beaucoup trop rapide. On peut imaginer deux dispositifs qui permettent de satisfaire à ces diverses conditions ; tous deux sont schématiquement représentés sur les figures 46 a et 46 b.

Dans le premier cas (fig. 46 a), la ligne l est reliée au levier h, auquel est accroché le téléphone ; à l'état de repos, le poids du téléphone maintient le levier abaissé, mettant la ligne en communication avec le contact a. C'est à ce contact qu'aboutit le circuit renfermant le système d'appel, c'est-à-dire la sonnerie G et le générateur J. Si l'on décroche le téléphone, le levier h cède à l'action du ressort antagoniste f et vient appuyer sur un deuxième contact b relié à la bobine d'induction du microphone M et au téléphone T. La ligne est donc détachée automatiquement des appareils qui servent à faire l'appel et mise en communication avec les appareils qui servent à transmettre la parole dès qu'on retire le téléphone de son crochet. En même temps, le circuit de la pile dont les extrémités aboutissent aux contacts c et d, se trouve fermé à travers la masse du levier h ; quand on suspend le téléphone à son crochet, ce circuit est automatiquement ouvert.

Au lieu de mettre alternativement la ligne sur sonnerie et sur téléphone, en l'isolant à chaque fois de l'un des deux groupes d'appareils, on peut aussi établir devant ces appareils un court circuit et rendre ainsi leur résistance presque nulle : de là un second mode de groupement dont la figure 46 *b*,

Fig. 46 *a*.   Fig. 46 *b*.

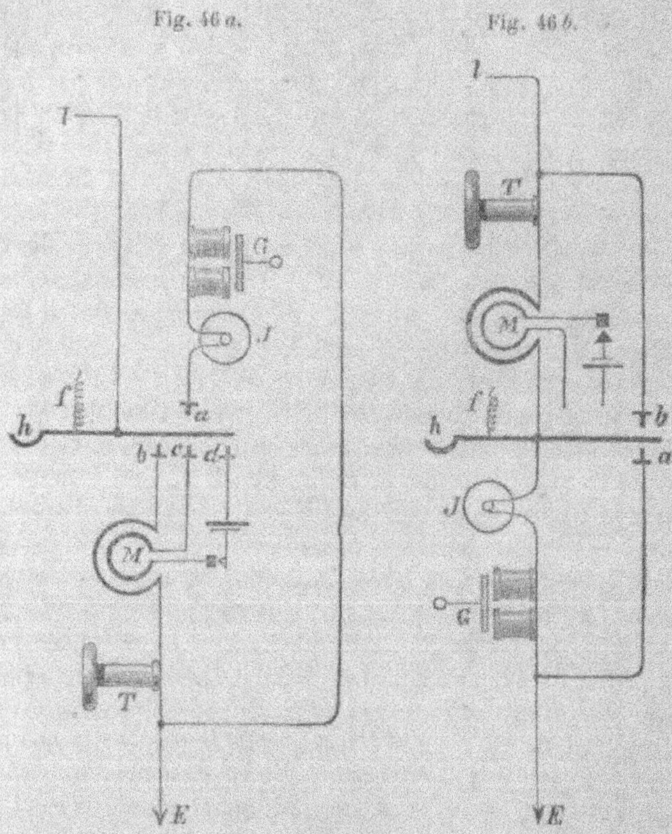

montre le schéma. La ligne *l* est, comme précédemment, reliée à un levier à deux bras *h*. Avant d'arriver au levier, la ligne passe par la bobine d'induction du microphone et le téléphone *T* ; entre le levier et la terre sont intercalés les appareils de sonnerie, générateur et sonnette, les deux contacts a et b se trouvent reliés à la ligne aux points indiqués sur la figure. Il est facile de voir que le levier h met automatiquement en court circuit les appareils servant à transmettre la parole et ceux servant à faire l'appel, suivant que le téléphone est suspendu à son crochet ou tenu à la main. Le circuit qui renferme la pile et le microphone est également ouvert dans le premier cas et fermé dans le second.

La figure 47 est la vue pers-pective d'un poste complet. Les différents organes sont montés sur une planchette verticale que l'on fixe contre le mur. En haut se trouve placé le généra-teur avec la sonnerie dont on voit les deux timbres et le com-mutateur automatique auquel s'accroche le téléphone. Au-dessous est le microphone et enfin, encore plus bas une petite boîte où l'on met la pile. La fi-gure 48 montre les connexions du poste, les portes des trois compartiments étant supposées ouvertes. Le commutateur est formé par le levier A dont le bras intérieur peut venir tou-cher les contacts à ressorts 1, 2, 3, 4 et 5. Les connexions sont faites suivant le schéma de la figure 46 a.

Le générateur magnéto-élec-trique a une assez forte résis-

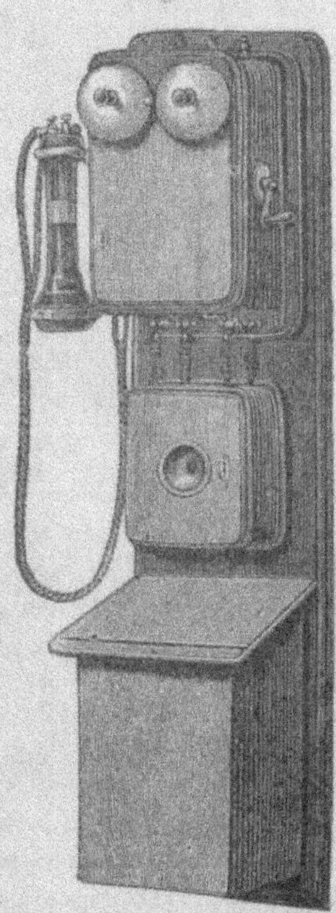

Fig. 47.

tance, égale à 1000 ohms environ et, par conséquent, supérieure à la résistance totale de la ligne y compris celle de tous les appareils. Or, cette résistance est ordinairement

Fig. 48.

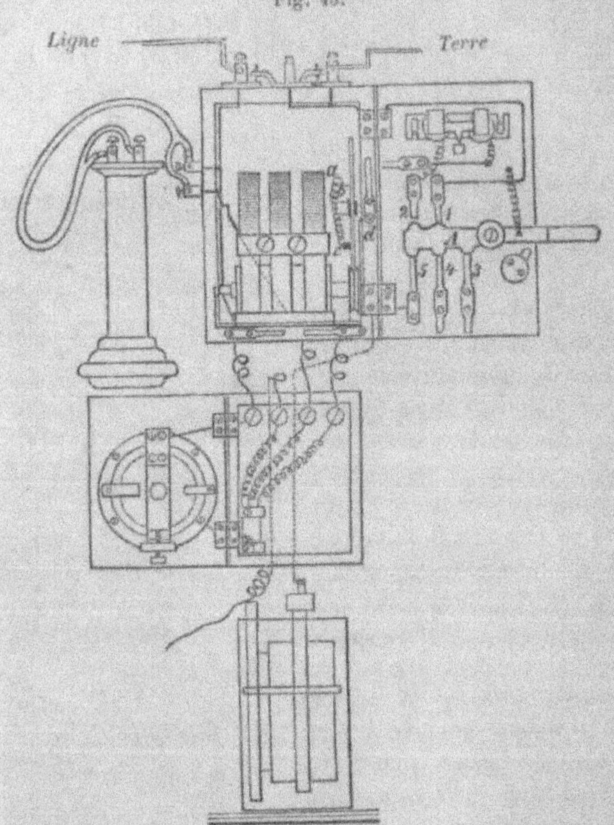

inutile, puisqu'elle ne sert, en réalité, qu'au moment où le poste veut appeler ; il est donc rationnel de chercher à la mettre hors circuit en temps normal et de la relier à la ligne seulement pendant la durée de l'appel. Ce résultat peut facilement être obtenu par l'emploi d'un contact à ressort qui, au repos, met en court circuit le fil de la bobine. On appuie sur le ressort lorsqu'on veut sonner, et ceci rompt momentanément le court circuit et place la bobine en série avec la ligne. Il existe aussi différents dispositifs qui utilisent le mouvement de rotation de la manivelle pour rompre automatiquement le court circuit établi devant la bobine. Voici comment se fait cette commutation automatique dans l'appareil dont nous avons indiqué le schéma. La bobine est intercalée entre un disque métallique claveté sur l'arbre du générateur et une languette b qui fait corps avec la manivelle et est isolée de l'arbre. Tant que, sous l'action d'un ressort à boudin, la languette b appuie sur le contact métallique a, la bobine est fermée en court circuit ; si l'on tourne la manivelle dans le sens de la flèche, la languette b se déplace d'abord toute seule rompant le court cir-cuit et l'entrainement de la bobine n'a lieu que pour une certaine tension du ressort à boudin. Dès que la manivelle est abandonnée à elle-même, le ressort ramène la languette en arrière, rétablit le contact entre a et b et met de nouveau la bobine en court circuit.

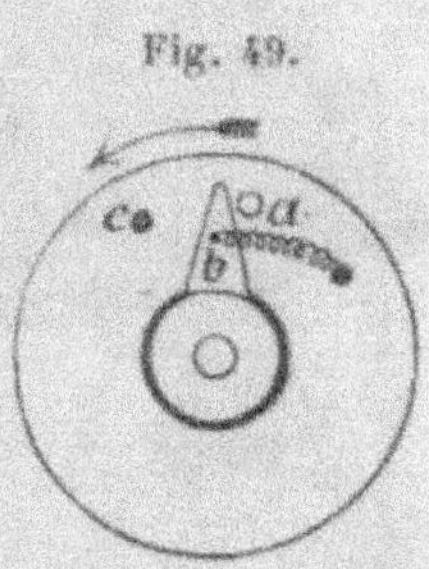

Fig. 49.

Il existe évidemment une infinité d'autres moyens pour arriver au même but, mais tous reposent plus ou moins sur le même principe : utiliser le mouvement de rotation de la manivelle pour rompre, par un procédé mé-canique, le court circuit.

Lorsqu'on emploie comme transmetteur un microphone à un seul contact, on n'a en général besoin que d'un élément, que l'on peut placer directement sous le microphone dans la boite ménagée à cet effet. Le couvercle de cette boîte peut en même temps servir de pupitre pour prendre des notes en parlant, transcrire des dépêches, etc. Si l'on emploie des microphones à contacts multiples qui demandent plusieurs éléments, il devient impossible de mettre les piles

Fig. 50.

dans le voisinage immédiat des appareils ; la boîte des piles devient trop encombrante et il faut l'éloigner davantage. La figure 50 montre l'aspect extérieur d'un poste de ce genre. Comme on place en général, dans ces microphones la membrane contre laquelle on parle horizontalement, il est rationnel de mettre les microphones au-dessus de la boîte qui contient le générateur magnéto-électrique.

Avec les microphones qui ont un grand nombre de contacts, on a besoin de quatre à six éléments au moins. On peut alors se servir de la même batterie pour faire l'appel ; quand les distances ne sont pas très grandes, la batterie du microphone est assez forte pour actionner des sonneries trembleuses. La figure 51 montre un poste de ce système qui est employé en France ; le microphone est un microphone Ader. La boîte sur laquelle est fixée la plaque vibrante en bois avec les contacts microphoniques, contient aussi la bobine d'induction, ainsi qu'un commutateur très simple qui ouvre ou ferme le circuit du

microphone, suivant que le téléphone est suspendu à son
crochet ou tenu à la main. Au-dessus de la boîte est un

Fig. 51.

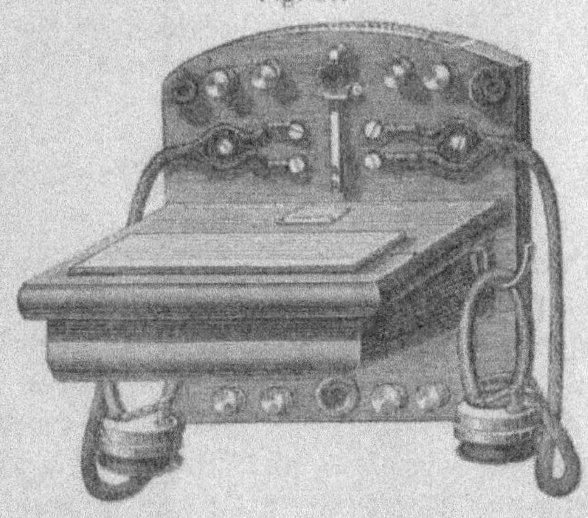

bouton d'appel et de chaque côté un crochet auquel est suspendu un téléphone ; l'un de
ces crochets joue le rôle de
commutateur automatique.

Fig. 52.

Lorsque les lignes sont assez
courtes pour qu'un élément
suffise à faire fonctionner les
sonneries, on peut également
adopter le même dispositif
dans les microphones à contact unique. La figure 52 montre l'application de ce principe
au microphone Blake.

Pour que le fonctionnement
des appareils soit sûr, il est
essentiel que le commutateur
donne toujours de bons contacts. Il faut, à ce point de vue,

avoir, autant que possible, des contacts à frottement sur de grandes surfaces, que l'on aura soin de platiner pour éviter l'oxydation. Les contacts par pression, même avec gouttes de platine, ne sont guère à recommander.

g) Appareils accessoires.

A côté des postes complets dont nous venons d'indiquer les formes principales, il existe encore différents appareils employés dans certains cas spéciaux. Nous allons indiquer ceux dont l'usage est le plus répandu. On dispose très souvent, en dehors de la sonnerie qui fait partie du poste, une deuxième sonnerie placée en un autre point de la maison ou même dans une maison voisine de celle où est le poste ;

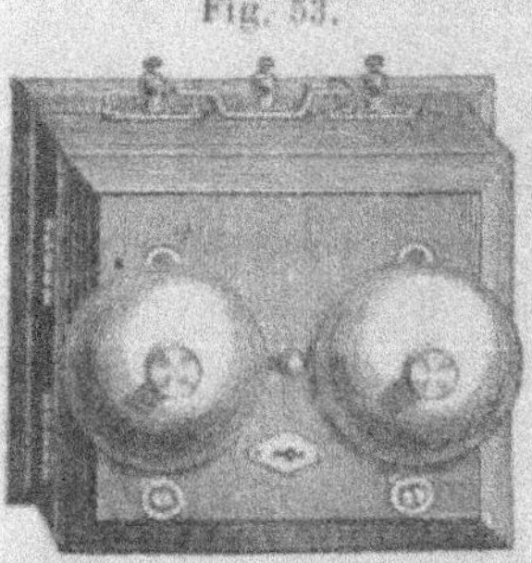

Fig. 53.

cette deuxième sonnerie peut être constamment en circuit et alors les deux sonneries, groupées en série, sonnent toujours ensemble ; elle peut également, au moyen d'un commutateur, n'être mise en ligne qu'à certaines heures de la journée, pendant la nuit, par exemple. Il faut évidemment que les deux sonneries soient du même type.

La figure 53 montre un modèle de sonnerie auxiliaire à courants alternatifs.

Lorsqu'on emploie des postes intermédiaires, on se contente fréquemment de placer ces postes en série avec les postes extrêmes. Dans ce cas, si l'un des trois postes appelle, les sonneries des deux autres postes se mettent à fonctionner, et les trois postes peuvent causer simultanément : c'est une conversation à trois. Il y a dans ce dispositif deux inconvénients sérieux ; d'abord on appelle toujours et le poste que l'on veut appeler et un autre poste auquel l'appel ne s'adresse pas ; ensuite ce troisième poste prévenu peut parfaitement écouter la conversation, ce qui est bien souvent fâcheux. On peut éviter ces inconvénients au moyen de deux procédés. Le plus simple consiste à avoir au poste intermédiaire un

Fig. 54.

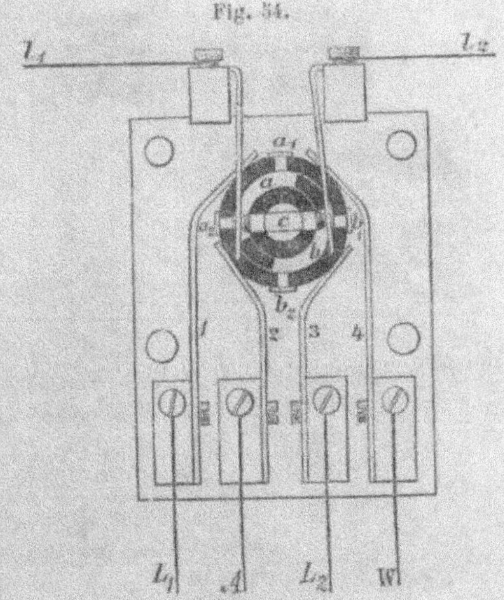

commutateur et une sonnerie auxiliaire, la sonnerie principale étant celle qui fait partie du poste : ces deux sonneries doivent se distinguer par des timbres différents. L'une des lignes est alors reliée à la sonnerie auxiliaire, l'autre à la sonnerie principale. Lorsque la sonnerie du poste entre en branle, la conversation peut immédiatement s'engager ; si c'est, au contraire, la sonnerie auxiliaire que l'on entend, il

faut d'abord manœuvrer le commutateur de façon à placer
le poste sur la ligne qui appelle et la sonnerie auxiliaire sur
l'autre ligne. Une troisième position du commutateur permet
enfin d'établir un circuit direct entre les deux postes
extrêmes avec exclusion du poste intermédiaire. La figure
54 représente un commutateur de ce genre, du modèle

Fig. 55.

employé dans les réseaux téléphoniques de l'empire allemand.
L'appareil se compose de trois contacts a, b, c, isolés les
uns des autres et montés sur un cylindre en ébonite. Les
bornes l_1 L_1 sont reliées à l'une des lignes, les bornes l_2 L_2 à
l'autre. La borne A communique avec le poste téléphonique,
la borne W avec la sonnerie auxiliaire. Dans la position de
la figure, les lignes l_1 et l_2 sont directement reliées l'une à

l'autre, le poste et la sonnerie auxiliaire sont isolés. Il est facile de voir sur la figure les connexions qui s'établissent lorsqu'on fait tourner le commutateur de 45° de droite à gauche ou de gauche à droite.

On peut arriver au même résultat par d'autres moyens encore. Nous nous bornerons à signaler dans cet ordre d'idées le commutateur à guichets construit par Rothen.

L'appareil est représenté en perspective sur la figure 55, la figure 56 indiquant le schéma des communications. Il se compose de deux annonciateurs à guichets et d'un commutateur ordinaire à poignée. Ce commutateur est formé par trois paires de contacts en laiton, rangés circulairement et isolés d'une plaque en ébonite sur laquelle ils sont solidement vissés. Deux ressorts, reliés aux fils de ligne, viennent frotter sur ces contacts ; un index placé extérieurement

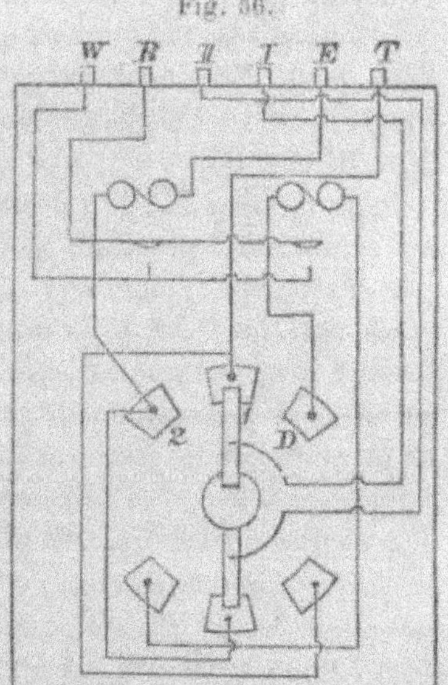

Fig. 56.

indique en même temps la position du commutateur. On peut relier les contacts entre eux et à des circuits extérieurs de différentes manières, ce qui rend l'appareil très commode et susceptible d'un grand nombre d'applications diverses. Dans le schéma de la figure 56, la borne *T* communique avec le poste, la borne *I* avec la ligne 1 de la borne *II* avec la ligne 2. Lorsque l'index est sur le numéro 1, la ligne 1 se trouve reliée au poste téléphonique de la station intermédiaire, la ligne 2 est mise à la terre à travers l'électro-aimant d'un des annonciateurs. Si l'index est sur le numéro 2, la ligne 2 est reliée au téléphone et la ligne 1 à la terre à travers l'annonciateur. Enfin, lorsque l'index est sur la lettre *D*, les lignes 1 et 2 sont directement reliées l'une à l'autre à travers l'électro-aimant de l'annonciateur *D* et le poste intermédiaire est hors circuit. Lorsque les postes 1 et 2 ont terminé leur conversation, ils donnent le signal de la fin de la communication et l'on remet alors le commutateur du poste intermédiaire sur 1 ou sur 2.

L'annonciateur à guichet, que nous aurons à décrire plus loin, peut également servir à fermer le circuit d'une sonnerie auxiliaire placée loin du poste et reliée aux bornes *B* et *W* (fig. 56).

Dans certains cas, il y a avantage à mettre les trois postes en série en adoptant un dispositif qui permette à chaque poste extrême d'appeler soit le poste intermédiaire, soit l'autre poste extrême. L'emploi de sonneries à armature polarisée fournit immédiatement la solution du problème ; il suffit, en effet, de placer au poste intermédiaire une sonnerie qui ne fonctionne que pour des courants positifs, tandis que les sonneries des postes extrêmes ne fonctionneront que pour des courants négatifs. On peut également mettre au poste intermédiaire une sonnerie à courant continu et aux postes extrêmes des sonneries à courants alternatifs. Ce dispositif prend une importance particulière lorsque le poste intermédiaire représente le bureau central d'un réseau téléphonique.

II. — LES LIGNES

Étant donné un certain nombre de postes téléphoniques
isolés, il s'agit évidemment de relier tous ces postes au
moyen de lignes à un point central où l'on pourra mettre
en communication, suivant les besoins, deux postes quelconques : cette question forme l'objet du second chapitre.
Comme on a affaire à un très grand nombre de lignes, la
pose de ces lignes demande à être sérieusement étudiée au
point de vue technique. Envisagé dans son ensemble, un
réseau comprendra toujours une série de gros câbles partant du point choisi comme centre ; ces câbles peuvent,
selon l'importance du réseau, contenir plusieurs centaines
de fils et constituent les artères principales. A mesure que
l'on s'éloigne du centre, ces artères s'amincissent, se sub-
divisent en un groupe de câbles moins gros, qui forment
des branchements dans différentes directions et constituent
les artères principales des quartiers ; la même division se
continue pour ces branchements jusqu'à ce que l'on arrive
aux fils simples qui aboutissent aux postes.

Lorsqu'il s'agit d'installer plusieurs centaines de fils qui
partent tous d'un même point, et suivent une direction
commune, l'emploi des lignes aériennes présente souvent
des difficultés telles que l'on est obligé d'avoir recours à
des câbles placés sous terre. Nous allons nous occuper tout
d'abord des lignes téléphoniques aériennes ; nous étudierons
ensuite l'installation d'un réseau au moyen de câbles son-
terrains.

a) Les lignes téléphoniques aériennes.

Les supports.

Les lignes téléphoniques se distinguent des lignes télégraphiques à deux points de vue bien caractéristiques que voici :

Les lignes téléphoniques comprennent un nombre de fils beaucoup plus considérable que les lignes télégraphiques. On emploie en effet couramment en téléphonie des lignes de cent fils et même davantage. Ces lignes sont de plus établies à l'intérieur des villes sur la presque totalité de leur parcours ; c'est l'inverse qui a lieu en télégraphie.

La pose des lignes téléphoniques nécessite donc des dispositifs tout à fait particuliers, dans lesquels on doit tenir compte des conditions locales, bien plus que lorsqu'il s'agit de la pose des lignes télégraphiques.

Il est, en général, peu pratique d'élever des poteaux destinés à supporter cent fils et même davantage, bien que, de temps à autre, il faille recourir à ce procédé. On a tout avantage à fixer les supports sur la façade des maisons, ou mieux encore à les placer sur les toits. Les supports se trouvent ainsi plus ou moins bien dissimulés aux regards et l'on évite surtout la gêne que ne manquerait pas d'apporter à la circulation des piétons et des voitures la pose des poteaux ordinaires dans toutes les rues étroites.

La figure 57 représente la forme d'un support destiné à être fixé sur la façade d'une maison ; le support de la figure 58 se fixe sur un pignon ; les figures 59 et 60 montrent enfin la construction des chevalets que l'on pose sur le toit même. Toutes les fois qu'il s'agit d'un assez grand nombre de fils, on doit toujours employer les chevalets. Un chevalet se compose de deux ou d'un nombre plus grand de

tiges verticales sur lesquelles sont solidement vissées ou
rivées des traverses horizontales, garnies d'isolateurs. Les
chevalets devront être de préférence construits en fer ;
parfois on les fait en bois, mais, dans l'un et l'autre cas, il

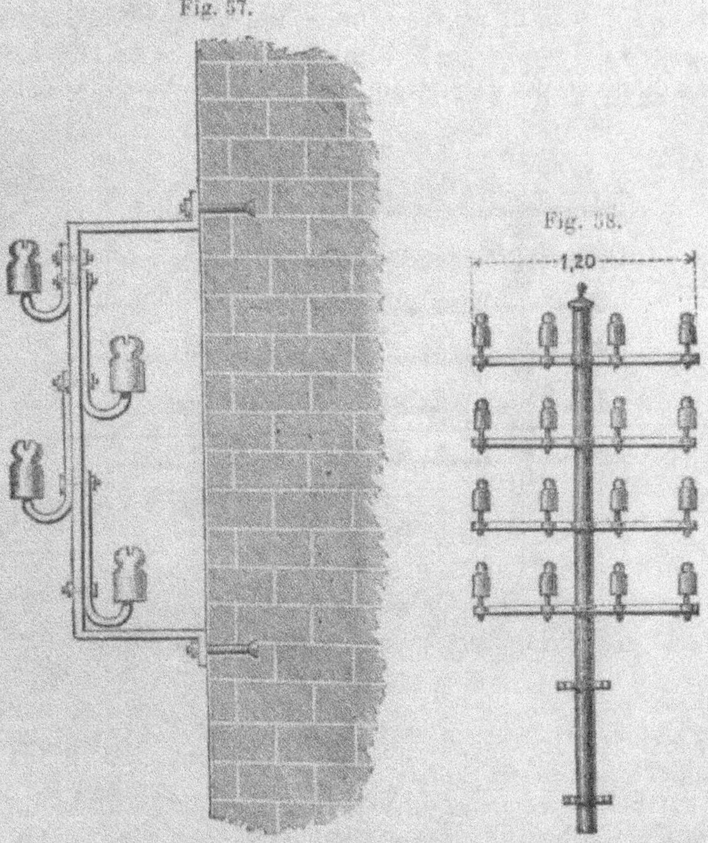

Fig. 57.

Fig. 58.

faut tout spécialement se préoccuper de leur donner une
résistance mécanique suffisante. Les forces qui agissent sur
les chevalets proviennent principalement des fils fixés à ces
chevalets. Chaque isolateur est soumis à une force verticale

résultant du poids du fil et à une force horizontale résultant de la tension de ce même fil. Cette dernière force augmente lorsque la température s'abaisse ; aussi faut-il avoir soin d'introduire dans le calcul, pour plus de sécurité, la valeur de la tension correspondant à la plus basse température que le fil peut atteindre. Il faut également tenir compte des surcharges accidentelles : le poids de la neige ou du givre, par exemple, qui, en hiver, recouvrent le fil. Il

Fig. 59.

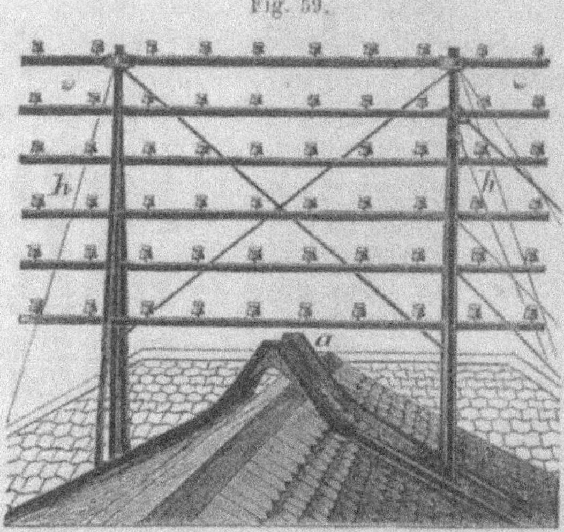

y a enfin la pression du vent qui s'exerce sur le chevalet aussi bien que sur le fil.

De toutes ces forces, celles provenant de l'action directe du fil sont les plus importantes. Aussi indiquerons-nous bientôt, dans un paragraphe spécialement consacré à l'étude des fils, la valeur de ces forces et l'influence qu'exercent sur elles la température, la tension, le poids et la surcharge du fil.

La pression du vent a moins d'action sur le fil (même

lorsque le diamètre de celui-ci augmente par suite des dépôts de neige) que sur les supports et peut offrir un certain danger, notamment pour les supports très chargés et isolés. La valeur de cette pression est déterminée par la vitesse v du vent, sa direction, la grandeur et la forme des surfaces sur lesquelles la pression s'exerce. Si l'on désigne par :

Fig. 60.

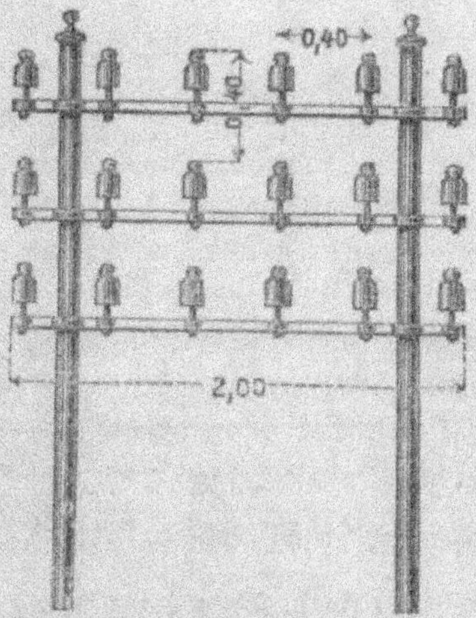

P la pression du vent, en kilogrammes.
F la surface exposée, en mètres carrés.
v la vitesse de l'air, en mètres à la seconde.
γ le poids d'un mètre cube d'air, en kilogrammes.

la pression du vent est, pour l'incidence normale

$$P = c\,F\,v^2\,\gamma.$$

Le coefficient c, déterminé par l'expérience, n'est pas tout à fait constant, mais varie un peu avec la grandeur de la surface. On a d'une façon approchée

$$P = 0,122\,F\,v^2.$$

Si le vent, au lieu d'agir normalement, frappe la surface, sous un angle α, la formule devient

$$P = 0,122 \, F \, v' \sin{}^2\alpha.$$

Pour les vents ordinaires, l'écart, par rapport à la direction horizontale, ne dépasse jamais 10°.

Lorsque la surface frappée est cylindrique au lieu d'être plane, comme c'est le cas des poteaux télégraphiques, la pression du vent est, d'après d'Aubuisson :

$$P = 0,085 \, F^1,{}^1 \, v^2$$

Pour le centre de l'Europe, on peut prendre comme vitesse maxima du vent 16 mètres à la seconde. La pression par mètre courant de fil est alors de 25 grammes pour un fil de 2 millimètres de diamètre et de 10 grammes pour un fil de 0,8 millimètre de diamètre. Pour un poteau qui a 8 mètres de hauteur avec un diamètre moyen de 15 centimètres et qui est encastré dans le sol sur une hauteur de 1,5 mètre, la pression du vent est :

$$P = 0,085 \, (0,15 \times 6,5)^1,{}^1 16^2 = 21,15 \text{ kilogrammes}$$

le point d'application de la force étant placé à la moitié de la hauteur environ.

Les montants des chevalets travaillent à la flexion par suite de l'action des forces horizontales auxquelles ils sont soumis et à l'écrasement par suite de l'action des forces verticales; on devra se conformer aux lois de la mécanique et calculer la résistance des diverses parties prises isolément. Si l'on voulait donner aux montants des dimensions assez grandes pour obtenir une résistance mécanique suffisante, on aurait des pièces beaucoup trop lourdes. On a recours alors à des procédés détournés et l'on emploie des contreforts et des haubans pour équilibrer l'action des fils. Les calculs ordinaires de la résistance des matériaux devront évidemment être appliqués également à ces pièces. On peut d'ailleurs ici, comme dans toute espèce de projet, se placer à deux points de vue différents, suivant que l'on se préoccupe plus de la solidité ou de l'économie. On devra en tout cas ne pas oublier de tenir compte dans ces calculs des conditions météorologiques locales.

Quand on emploie, comme fil de ligne, du fil d'acier dont la résistance à la traction est de 440 kilogrammes, il suffit de prendre, pour les poteaux montants, du fer cornière de 60 millimètres de côté et de 7 millimètres d'épaisseur ; pour les traverses, du fer à T de 35 millimètres de hauteur et de 6 millimètres d'épaisseur.

L'administration des postes allemandes emploie pour ses poteaux des tubes en fer forgé, dont l'épaisseur est de 5 millimètres et dont le diamètre va jusqu'à 75 millimètres. Les traverses ont une construction particulière représentée

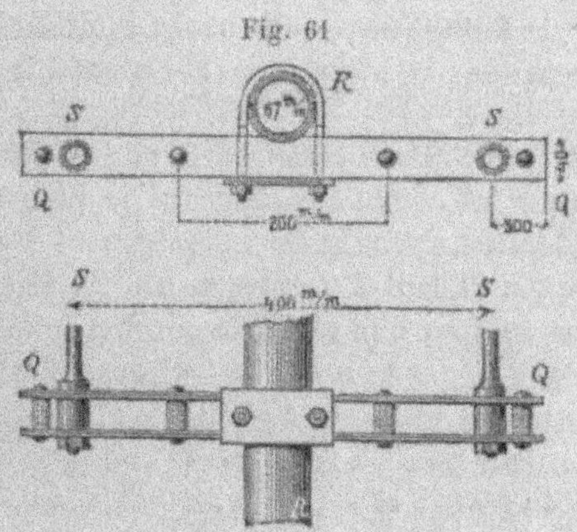

Fig. 61

sur la figure 61. Elles sont formées par des fers plats de 40 millimètres de largeur et de 6 à 7 millimètres d'épaisseur ; ces traverses s'assemblent au moyen de cercles sur les poteaux montants.

En France et en Amérique, on emploie des supports en bois.

Il y a deux façons différentes de fixer les chevalets sur les toits. On peut les visser sur la charpente du toit ou les rendre solidaires de la maçonnerie (Allemagne); cet assemblage est facile à faire et est celui qui offre la plus grande stabilité. On peut également se contenter de poser le chevalet sur le toit sans le relier à la charpente (Suisse). La partie inférieure du chevalet reçoit alors une forme particulière dans laquelle le faîte vient s'emboîter exactement. Le chevalet représenté sur la figure 59 est de ce type. Le principal avantage de ce système est de laisser le toit intact ; il permet en même temps de changer et de modifier les chevalets avec une grande facilité. Les vibrations des fils qui tendent à se communiquer à l'édifice entier sont également plus faciles à amortir ; nous aurons d'ailleurs à revenir sur ce point. Comme le chevalet ne fait, en somme, que reposer sur le faîte, l'emploi de haubans destinés à éviter les déplacements latéraux est indispensable avec ce deuxième système.

Quant à la forme même des supports, elle est généralement déterminée par les conditions locales et le plan du réseau. Deux considérations principales interviennent dans le choix de cette forme. Il faut d'abord que les fils soient uniformément partagés en une série de couches horizontales et que leur parallélisme se conserve toujours. Il est, en effet, important que les fils restent parallèles et gardent dans le réseau entier leur position relative, car cela facilite beaucoup l'entretien du réseau et rend les accidents, notamment les mélanges de fils, plus rares.

La deuxième considération dont il y a lieu de tenir compte dans le dispositif adopté est la résistance mécanique du système, laquelle doit être aussi grande que possible.

On devra donc s'attacher, dans chaque cas particulier, à

satisfaire le mieux possible à ces deux conditions qui détermineront la forme du support et en même temps ses dimensions et celles des haubans ou des contreforts.

Il est parfois impossible de prendre les maisons comme points d'appui pour les supports : on devra alors recourir à des poteaux plantés en terre. La considération la plus importante dans ce cas, est la hauteur des poteaux : elle doit être aussi faible que possible. On n'a d'ailleurs que rarement besoin de poteaux très élevés, à la traversée des rues, par exemple. En Amérique, on place les poteaux au milieu des rues, on leur donne une hauteur de 30 mètres et même davantage, et on les charge d'un nombre considérable de fils, 300 à 400.

Toutes les fois que cela est possible, on a avantage à employer des poteaux métalliques (Strasbourg, Hambourg). Ces poteaux sont plus agréables à l'œil et ont besoin d'être moins soutenus latéralement.

Lorsqu'on a des poteaux très longs, et que les fils ne peuvent être fixés qu'au sommet, il ne faut pas perdre de vue que l'effort est appliqué à l'extrémité d'un bras de levier considérable dont le point fixe est le point où le poteau sort de terre. Il y a, dans ce cas, besoin d'avoir des haubans très solides.

Le danger que la foudre fait courir aux réseaux téléphoniques a été l'objet de nombreuses discussions. L'expérience montre que ce danger n'existe pas ; bien plus, il semble qu'un réseau téléphonique qui s'étend au-dessus d'une ville, agisse comme un énorme paratonnerre. Néanmoins, il n'est pas mauvais de relier à la terre les supports métalliques ; les paratonnerres proprement dits ne sont une précaution nécessaire que dans certains cas spéciaux, pour des chevalets très élevés et particulièrement exposés à la foudre, ainsi que nous l'avons déjà fait remarquer.

Le fil.

On emploie dans l'établissement des lignes téléphoniques deux variétés principales de fils : le fil d'acier et le fil de cuivre.

Voici les considéradtions qui interviennent dans le choix du fil :

Dans les réseaux téléphoniques, où l'on a des centaines de fils, qui tantôt suivent la même direction, tantôt se croisent, il faut avant tout se préoccuper de la solidité du fil, afin d'avoir le moins de ruptures possibles. Chaque rupture dans un groupe de fil provoque, en effet, une série de dérangements dans le service, par suite des mélanges de fils et des dérivations qui en résultent. La chute des fils dans les rues fréquentées gêne la circulation et n'est d'ailleurs pas exempte de dangers. Lorsque tout un groupe de fils vient à se rompre en même temps, la stabilité des supports qui soutiennent ces fils se trouve compromise. Une autre condition qui milite en faveur du choix d'un fil très résistant est la nécessité de se plier aux conditions locales pour l'emplacement des points d'appui qu'il est impossible de disposer arbitrairement. Ceci conduit à avoir parfois des portées très grandes et, par suite, un fil extrêmement résistant. De tous les fils, le fil d'acier est celui qui présente la résistance la plus grande : cette résistance s'élève jusqu'à 120 kilogrammes par millimètre carré. Il reste encore à savoir quel est le meilleur diamètre à donner à ce fil.

Si l'on songe que l'on est souvent obligé d'attacher à un même support une centaine de fils et même davantage, on en conclut naturellement que le poids, et par suite, le diamètre du fil doit être aussi petit que possible. On trouve dans l'industrie du fil d'acier très homogène et très résistant de deux millimètres de diamètre; ce fil a une résistance à la traction de 440 kilogrammes. Mais il semble difficile de fabriquer industriellement du fil d'aussi bonne qualité et d'un diamètre plus faible : c'est ce qui fait que l'on emploie aujourd'hui presque partout, pour les réseaux téléphoniques, ce fil de 2 millimètres de diamètre. Le choix d'un fil d'acier relativement fin offre l'inconvénient d'augmenter la résistance électrique de la ligne d'une façon appréciable ; celle-ci est, en effet, de 54 ohms environ par kilomètre. Mais tant qu'il s'agit de lignes placées à l'intérieur des villes, on n'a que des distances assez faibles n'excédant pas quelques kilomètres ; sur ces distances, la résistance totale des lignes est encore relativement petite, en sorte que l'emploi d'un métal qui n'est pas très bon conducteur n'offre pas d'inconvénients sérieux.

Pour augmenter la durée du fil on a soin de le galvaniser. Cette précaution est indispensable, car les lignes passent fréquemment au-dessus des cheminées des maisons particulières et des usines ; avec le chauffage à la houille, la fumée entraîne des produits gazeux qui ne tarderaient pas à détruire le fil. La couche protectrice de zinc ne peut empêcher complètement les actions corrosives. Ainsi un fil placé dans de mauvaises conditions est souvent détruit au bout de deux ou de trois ans. Aux points plus particulièrement exposés, il est bon de recouvrir le fil de rubans de toile imprégnés d'une substance isolante, on peut alors compter sur une durée de dix à vingt ans, même dans les conditions les moins favorables.

A côté du fil d'acier, on emploie beaucoup, depuis quelques années, le fil de cuivre, auquel on fait subir un traitement particulier, qui augmente considérablement la résistance mécanique du métal tout en diminuant très peu sa conductibilité. On peut d'ailleurs fabriquer industriellement du fil de cuivre homogène d'un très petit diamètre, ce qui, pour l'acier, est impossible. Le cuivre acquiert ces propriétés par

l'adjonction des faibles quantités de phosphore, de brome
ou de silicium, mais il les doit surtout à un mode particulier de tréfilage.

Un excellent fil pour les réseaux téléphoniques est le fil
de 0,8 millimètre de diamètre qui est six fois plus léger
que le fil d'acier de 2 millimètres de diamètre et qui permet,
par conséquent, d'avoir des supports beaucoup plus légers. Il
offre encore cet avantage que, placé à une hauteur relativement faible, il cesse d'être visible ; lorsque les fils traversent
des places publiques ou serpentent le long des maisons,
cette considération optique a son importance.

Aux propriétés d'ordre mécanique que nous venons de
signaler, le cuivre joint des propriétés électriques très
précieuses qui en imposent l'emploi dès qu'il s'agit de téléphonie à grande distance. Sa conductibilité électrique est
beaucoup plus grande que celle de l'acier. Fizeau et Gounelle
avaient déjà montré que la vitesse de propagation de l'électricité était de 177,722 kilomètres par seconde dans un fil
de cuivre, et de 101,710 kilomètres seulement dans un fil
de fer. Ceci conduit à supposer que le passage du courant
électrique exerce sur les molécules des métaux, une certaine
influence analogue à l'orientation moléculaire que l'on admet
pour les pièces de fer doux soumises à l'aimantation.
L'action réciproque qui prend naissance entre les molécules
du conducteur et le flux électrique est comparable à une
résistance de frottement. Celle-ci est un obstacle à l'écoule-
ment du fluide électrique ; elle retarde le passage du courant
et produit nécessairement une déformation du conducteur.
Preece a fait dans ces derniers temps de nouveaux essais
comparatifs, relativement à la propagation de l'électricité
dans les fils de cuivre et de fer ; il a trouvé, en employant
des appareils télégraphiques, que l'on pouvait obtenir une
vitesse de 10 à 20 0/0 plus grande avec un fil de cuivre
qu'avec un fil de fer. Les recherches tout à fait récentes de

Hughes ont également montré que les extra-courants étaient
six fois plus faibles dans le fil de cuivre que dans le fil de
fer ; l'extra-courant dépend d'ailleurs non seulement des
qualités physiques, mais aussi de la forme géométrique du
conducteur ; ainsi il est plus petit pour un câble en fils de
fer très fins que pour un fils de cuivre plein de même section
droite.

D'autres avantages résultent de la grande conductibilité
du cuivre. Prenons, par exemple, un fil de cuivre et un fil de
fer ayant la même résistance, ce qui revient à prendre un
fil de fer de 5 millimètres de diamètre et un fil de cuivre
de 2 millimètres de diamètre ; le fil de fer sera six fois plus
lourd et aura une surface six fois plus grande que le fil de
cuivre. Il en résulte que ce dernier est plus facile à isoler
et que sa capacité électrostatique est plus faible. Un fil
librement tendu au-dessus du sol doit, en effet, être considéré
comme un condensateur dont l'une des armatures est constituée par le fil et l'autre par la terre ; la couche d'air intermédiaire représente le diélectrique. Si l'on désigne par
h la hauteur du fil au-dessus du sol, par d son diamètre et
par l sa longueur, la capacité C est donnée par la formule

$$C = 2\,l \log_e \frac{d}{4\,h}.$$

Si les deux fils sont placés à une hauteur de six mètres
au-dessus du sol, la capacité kilométrique est de $\dfrac{1}{8,47}$ pour
le fil de fer de 5 millimètres de diamètre et de $\dfrac{1}{9,49}$ pour le
fil de cuivre de 2 millimètres de diamètre ; le rapport des
deux capacités est

$$\frac{8,47}{9,49} = 0,89.$$

En réalité, la capacité des lignes, des lignes téléphoniques surtout, est beaucoup plus grande, car on a généralement un assez grand nombre de fils qui cheminent côte à côte, d'où il résulte que la deuxième armature du condensateur est plus rapprochée. La même chose a lieu quand les fils sont tendus au-dessus des maisons. La distance des fils aux toitures, qui dans ce cas représentent la terre, est souvent de un mètre à peine. Il ne faut pas oublier que la transmission téléphonique est d'autant meilleure que la capacité de la ligne est plus petite.

Un autre avantage à signaler dans l'emploi du cuivre est que les lignes construites avec ce dernier métal sont beaucoup plus *silencieuses* que les lignes en fil de fer. On constate, en effet, sur les longues lignes, à côté des bruits particuliers provenant de l'induction mutuelle des fils téléphoniques et télégraphiques, d'autres bruits dont la cause première est le magnétisme terrestre. Chaque fil est placé dans le champ magnétique de la terre et lorsque, par suite d'un vent violent, il se trouve animé de mouvements vibratoires, il devient le siège de courants induits. Ces courants se manifestent surtout quand les fils ont une direction nord-sud, car ils coupent alors, dans leur mouvement, à angle droit les lignes de force du champ magnétique terrestre. Avec les fils de fer on a des courants beaucoup plus forts qu'avec les fils de cuivre, car les premiers se comportent eux-mêmes comme des aimants linéaires et concentrent les lignes de force.

Les bruits qui se produisent sur de longues lignes sont encore causés par des courants d'une autre nature, courants qui se manifestent sur les lignes en cuivre aussi bien que sur les lignes en fer. Les extrémités d'une ligne sont reliées à des plaques de terre; ces plaques n'ont pas, en général, tout à fait le même potentiel, surtout si elles occupent des positions différentes, par rapport à la hauteur et aux pro-

priétés géognostiques du sol. De là résulte un courant
continu dans la ligne, courant qui n'exerce aucune action
sur le téléphone. Mais il peut très bien arriver que le régime
de ce courant se modifie par suite de la résistance variable
d'une soudure que le vent agite ou encore par suite d'une
isolation variable de la ligne, et ce cas se présente fréquemment quand il pleut. Ces perturbations intermittentes
qui, sur de longues lignes peuvent se reproduire très fré-
quement sont surtout sensibles par les temps humides. Un
fait très intéressant à noter est que l'une des extrémités de
la ligne peut être tout à fait tranquille, tandis qu'à l'autre
extrémité les bruits caractéristiques, désignés sous le nom
de friture, sont tels qu'ils rendent toute conversation
impossible. Ceci montre que l'on ne saurait admettre que
sur de longues lignes une perturbation électrique se propage
dans un temps infiniment petit sur la ligne entière. Bien
plus, il peut se faire qu'un phénomène de ce genre reste
limité à une partie seulement de la ligne et n'influence pas
les autres.

L'isolation du fil est une question de première importance.
A l'origine de l'industrie téléphonique, on s'en préoccupait
fort peu, ce en quoi on avait très grand tort. Il faut dire
que, pour de faibles distances, comme celles auxquelles on
avait presque exclusivement affaire dans les premiers
réseaux, une isolation imparfaite suffisait encore. Mais dès
qu'on eut abordé des distances relativement considérables,
on ne tarda pas à se convaincre que l'isolation exerçait
une influence très réelle sur la transmission, et cela pour
deux raisons. Une isolation imparfaite donne tout d'abord
lieu à des pertes de courant, pertes qui affaiblissent la
transmission. En chacun des points où la ligne est fixée
aux supports, elle peut être considérée comme reliée à la
terre par un fil plus ou moins résistant. Si l'isolation est
bonne, le courant ainsi dérivé est faible ; si l'isolation

est mauvaise, le courant est plus fort, et comme une longue ligne présente des centaines de points d'appui, la fraction de courant qui se perd par la terre va en augmentant avec la longueur de la ligne. Un autre inconvénient provient de ce que partout où une série de lignes parallèles vient s'appuyer sur les mêmes supports, le courant qui traverse un fil se perd non seulement par la terre, mais encore, et surtout, par les autres fils, et cela dans une proportion d'autant plus grande, que le nombre des points d'appui communs est plus considérable. Il peut fort bien arriver, pour peu que la ligne soit suffisamment longue, que le courant, dans les lignes parallèles à celle sur laquelle on parle, devienne assez fort pour faire parler les téléphones placés sur ces lignes. Il se produit alors ce phénomène singulier que l'on entend sur toutes les lignes ce qui se dit sur l'une d'elles. Le même phénomène peut provenir de l'induction mutuelle des lignes, mais ceci est une question que nous nous réservons de traiter plus en détail dans une autre partie du présent ouvrage.

Pour les raisons qui viennent d'être exposées, les fils doivent être aussi bien isolés que possible, surtout dans le cas des supports métalliques qui favorisent évidemment les pertes. L'isolation s'obtient généralement au moyen d'isolateurs en porcelaine, ayant la même forme que ceux employés en télégraphie. Il est bon d'employer, surtout pour de longues lignes, des isolateurs à double cloche. La distance entre les isolateurs devra être assez grande pour que, même par les plus forts vents, on n'ait pas de mélange de fils à craindre. L'expérience montre que, dans le cas de fils tendus parallèlement, une distance de 40 centimètres suffit, à condition qu'il n'y ait pas de soudure entre les points de suspension. Pour de faibles portées, on peut rapprocher un peu les fils ; pour des portées inférieures à 100 mètres, 30 centimètres suffisent ; pour des portées de 200 mètres et au-dessus, il est prudent de prendre 50 centimètres. Cette distance dépend d'ailleurs aussi de la nature du fil employé. Avec du fil de cuivre de 0,8 millimètre de diamètre, on peut, pour de petites portées, se contenter d'une distance de 20 centimètres.

La distance entre les isolateurs est déterminée par la distance que l'on veut ménager entre les fils et aussi par l'orientation des supports relativement à la direction des lignes. Lorsque la ligne conserve sa direction au passage d'un support, il y a toujours avantage à placer le chevalet dans un plan normal à cette direction, quelle que soit l'orientation du toit. Si le chevalet est simplement posé sur le toit, cette condition est très facile à remplir; il suffit de donner au

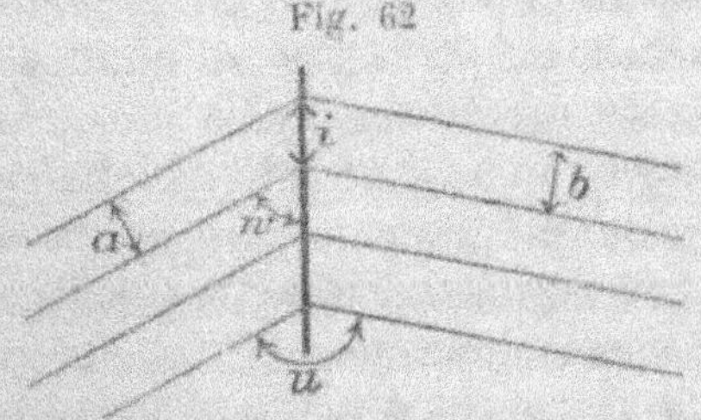

Fig. 62

pied du chevalet une forme convenable. C'est pour cette position normale à la direction de la ligne que les dimensions du chevalet sont les plus petites, et sa stabilité la plus grande possible. Lorsqu'au passage d'un support, la ligne fait un certain angle, on peut déterminer la position du chevalet, en considérant soit sa résistance mécanique, soit la distance des fils de part et d'autre du point d'appui. Si l'on se place au deuxième point de vue et que l'on veuille que l'écartement des fils soit le même des deux côtés du chevalet, on est évidemment conduit à placer celui-ci, suivant la bissectrice de l'angle que fait la ligne. Mais si l'on veut tenir compte des différences de portées et ménager une plus grande distance entre les fils, dont la portée est plus grande, il faut déterminer par le calcul la position du chevalet. Si l'on désigne par d l'écartement des fils et par w l'angle que fait le plan du chevalet avec la direction de la ligne, la distance i de deux isolateurs voisins est donné par la relation :

$$i = \frac{d}{\sin w}$$

Ceci posé, si l'on appelle u l'angle de deux lignes (fig. 62) a et b, les distances des fils de part et d'autre du chevalet, la relation :

$$i = \frac{a}{\sin w} = \frac{b}{\sin (u - w)}$$

permettra de déterminer l'angle w. Lorsque l'angle u ne diffère pas sensiblement de 180°, il suffit, en général, de placer le chevalet normalement à la plus grande distance.

Si l'on considère un point où la ligne se divise en plusieurs embranchements, il faut, pour chaque direction, faire le même calcul et déterminer ainsi la position la plus favorable pour chaque embranchement.

On pourrait également déterminer la meilleure orientation des chevalets, par des considérations d'ordre purement mécanique. Mais ces calculs n'auraient pas grande valeur, car la surcharge accidentelle des fils (neige, givre) ne permet aucune évaluation précise. De plus, la tension augmente d'une façon très variable avec la température, pour les différentes portées ; le calcul établi pour une certaine température cesserait donc d'être exact pour toutes les autres.

La question la plus importante est celle de la flèche à donner au fil. Un fil métallique tendu forme une courbe appelée chaînette, comme toute espèce de fil flexible suspendu librement entre deux points d'appui horizontaux. Cette courbe est déterminée par la tension et le poids du fil. Si l'on désigne par s la tension, par a la portée, par l la longueur de fil compris entre les deux points d'appui et enfin par g le poids, par mètre courant du fil, on a entre les quatre grandeurs ainsi définies les relations :

$$f = \frac{ga^2}{8s} \qquad l = a + \frac{8f^2}{3a}.$$

La tension n'est pas uniforme sur toute la longueur du fil : elle est minima en son milieu. Si l'on appelle s cette tension minima, la tension en un point quelconque est égale à s, augmenté du poids d'une longueur de fil qui est mesurée par l'ordonnée f du point considéré, comptée à partir de la tengente au point le plus bas de la courbe. La tension est donc maxima au point d'attache et égale en ce point à

$$S = s + fg.$$

Plus la flèche est grande, et plus la tension devient petite, jusqu'à une certaine limite. Cette limite inférieure est atteinte lorsqu'on fait $f = \dfrac{a}{\sqrt{8}}$. Pour des valeurs de f supérieures à celles-ci la tension augmente par suite de l'augmentation rapide du poids du fil.

En pratique, le poids et la longueur sont donnés. Quant à la tension, elle peut varier entre des limites très larges. Comme elle se modifie avec la longueur du fil et que celle-ci dépend de la température, la tension doit elle-même être considérée comme une fonction de la température. Il faut cependant tenir compte également des propriétés élastiques du fil. D'après les lois de l'élasticité, un accroissement de la tension produit un allongement qui devrait être proportionnel. L'augmentation de température allonge le fil, la flèche devient plus grande et la tension plus petite. Cette dernière circonstance a pour effet de diminuer l'allongement élastique, et le fil se raccourcit un peu. La température et l'élasticité agissent donc à l'encontre l'une de l'autre. Si l'on admet que les allongements sont directement proportionnels aux accroissements de température et inversement proportionnels aux tensions, il sera facile de calculer la flèche que prendra un fil de longueur donnée pour une température déterminée, à condition que l'on ait préalablement mesuré deux valeurs concomitantes de la flèche et de la température. Lorsqu'on fait ce calcul et que l'on compare les résultats ainsi obtenus avec les mesures directes effectuées à diverses températures, on constate des écarts notables. Pour de faibles tensions, la flèche est en réalité plus petite que celle que donne la formule et pour de fortes tensions plus grande. Ces différences proviennent de ce que les variations de longueur dues à l'élasticité du fil sont beaucoup moins sensibles pour des fils faiblement tendus, que pour des fils fortement tendus, surtout si les fils ne sont pas bien droits, mais présentent des parties courbes qui se tendent petit à petit.

Le fil est soumis non seulement à l'action de son propre poids, mais aussi à celle des surcharges accidentelles, pression du vent, de la neige, etc. ; ces actions jouent un rôle très important. On ne devra donc jamais, dans le calcul, prendre la valeur des coefficients de résistance mécanique, telle que la donnent les tables, mais bien une fraction de cette valeur. On prend, en général, comme coefficient de sécurité un cinquième ou un huitième du coefficient de résistance réelle.

L'expérience a montré qu'on obtenait de très bons résultats en faisant travailler à 60 kilogrammes un fil d'acier de 2 millimètres de diamètre et d'une résistance de 440 kilogrammes. Si l'on donne à ce fil une flèche telle que, pour une température de — 25°, c'est-à-dire pour la température la plus basse que l'on ait à craindre dans l'Europe centrale, la tension n'excède pas 60 kilogrammes, on peut être certain que la rupture ne se produira que dans des circonstances exceptionnelles. Le tableau suivant montre quelles sont, pour diverses températures, les flèches qu'il convient de donner à ce fil, pour qu'à — 25° la tension ne dépasse pas 60 kilogrammes. Dans ce tableau, il n'a pas été tenu compte de la contraction élastique qui diffère beaucoup avec les différentes espèces de fil : les flèches sont donc un peu trop grandes.

PORTÉES	—25°	—20°	—15°	—10°	—5°	0	+5°	+10°	+15°	+20°	+25°
m	cm	cm	cm	cm	cm	cm	cm	cm	cm	cm	cm
50	13	28	36	43	49	53	57	62	67	71	76
60	20	34	44	50	58	63	70	77	80	85	88
70	25	41	52	61	70	76	83	88	93	100	104
80	33	47	60	70	80	90	97	102	108	113	118
90	41	58	70	80	90	100	110	115	120	130	135
100	54	68	83	95	107	115	120	130	140	150	156
120	75	90	106	120	131	140	150	160	170	180	190
140	100	120	140	150	160	180	190	200	210	220	230
160	128	150	160	180	200	210	220	230	240	250	260
180	164	180	200	214	230	240	260	270	280	290	300
200	210	230	250	263	280	290	310	320	330	340	350
250	320	340	360	375	390	410	420	440	450	460	470
300	460	480	500	520	540	560	580	590	605	620	635
350	640	660	680	700	720	740	760	770	780	800	815
400	830	850	870	900	920	940	950	970	980	1100	1020
500	1280	1300	1320	1350	1370	1380	1400	1420	1440	1455	1470
600	1820	1850	1870	1890	1920	1940	1960	1990	2010	2040	2060
700	2510	2550	2570	2600	2640	2670	2700	2720	2750	2770	2800

Les chiffres qui précèdent montrent combien il est important de tenir exactement compte de la flèche, puisque celle-ci croît très vite avec la portée. Pour une portée de 500 mètres, la flèche doit être près de cent fois plus grande que pour une portée de 50 mètres. Il faut donc, lorsqu'on veut poser à une basse température un fil entre deux points d'appui assez éloignés, se demander tout d'abord, s'il y aura une place suffisante pour la flèche qui se produira à une température élevée. Il faut de plus remarquer que la flèche se modifie avec la température beaucoup plus rapidement pour de petites que pour de grandes portées. Ainsi, pour une portée de 50 mètres, la flèche devient six fois plus grande quand on passe de — 25 à + 25 degrés, tandis qu'elle ne varie que de 14 pour cent lorsque la portée a 500 mètres. La tension se modifie comme la flèche avec la température. Le tableau ci-contre contient les tensions correspondantes aux différentes portées et aux différentes températures qui se présentent dans la pratique.

Le poids de la neige fait augmenter très rapidement la tension à laquelle est soumis le fil. Les dépôts de neige et de glace forment souvent autour du fil une couche cylindrique de plusieurs centimètres de diamètre. Le poids spécifique de la neige est de 0,12 et celui de la glace de 0,92. On peut donc admettre que le mélange de ces deux substances qui forment en général les dépôts a un poids moyen de 0,3. Si l'on considère un fil d'acier de 2 millimètres de diamètre dont la densité est 7,2, on reconnaît qu'une couche de 3,58 millimètres d'épaisseur suffit déjà à doubler le poids et par suite la tension du fil. Le tableau suivant montre les valeurs correspondantes de la tension g du fil et de l'épaisseur du dépôt de neige et de glace, en admettant pour ce dépôt une densité moyenne égale à 0,3.

Tension du fil	g	$2g$	$3g$	$5g$	$10g$	$20g$	$40g$.
Épaisseur du dépôt	0	3,6	5,4	8,0	12,4	18,5	26,9.
Diamètre du fil	2	9,2	12,8	18,0	26,9	39,0	55,9.

PORTÉES	−25°	−20°	−15°	−10°	−5°	0	+5°	+10°	+15°	+20°	+25°
m	kg	kg	kg	kg	kg	kg	kg	kg	kg	kg	kg
50	60	27,5	22,3	19,0	16,4	14,5	13,2	12,3	11,6	11,0	10,5
60	60	33,0	26,0	21,8	19,2	17,4	15,9	14,7	13,6	13,0	12,6
70	60	37,0	29,4	25,0	22,2	20,0	18,5	17,2	16,2	15,4	14,6
80	60	41,0	32,6	27,6	24,6	22,3	20,6	19,3	18,2	17,2	16,3
90	60	43,7	35,6	30,3	27,0	24,5	22,8	21,4	20,1	19,0	18,0
100	60	45,4	37,8	32,6	29,5	27,0	25,4	23,5	22,0	20,7	19,7
120	60	48,2	41,3	36,5	33,1	30,8	28,8	27,3	25,7	24,6	23,7
140	60	50,7	44,8	40,4	37,1	34,5	32,7	31,0	29,5	28,2	27,2
160	60	53,0	48,2	44,0	40,7	38,0	36,0	34,2	32,6	31,4	30,4
180	60	54,4	50,0	46,3	43,2	40,6	38,5	36,7	35,1	33,9	33,0
200	60	55,4	51,7	48,5	45,7	43,5	41,3	39,5	38,0	36,6	35,6
250	60	56,2	53,3	50,8	48,6	46,0	44,7	43,2	41,9	40,9	40,0
300	60	56,9	54,6	52,6	50,8	49,2	47,7	46,5	45,4	44,4	43,4
350	60	57,3	55,4	53,7	52,5	51,2	50,0	48,9	48,0	47,0	46,2
400	60	57,7	56,2	54,9	53,7	52,7	51,7	50,7	49,9	49,3	48,7
500	60	58,1	57,0	56,0	55,2	54,4	53,6	53,0	52,4	52,0	51,7
600	60	58,4	57,5	56,7	56,2	55,6	55,2	54,8	54,5	54,3	54,2
700	60	58,6	57,7	57,1	56,6	56,2	55,9	55,6	55,4	55,2	55,0

Lorsqu'on craint des surcharges accidentelles de nature
à compromettre la sécurité du fil, on a recours à certains
moyens préventifs. Si la neige n'est pas gelée, il suffit, pour
la faire tomber, de frapper fortement le fil avec une latte
en bois. Quand ce moyen est insuffisant, on cherche à
obtenir le même résultat en promenant de petits rouleaux
tout le long du fil; mais si la neige est bien prise, le nettoyage
du fil devient beaucoup moins facile. D'une façon générale,
on a reconnu que, dans les mêmes conditions, les dépôts de

glace étaient plus considérables sur les fils de cuivre que sur les fils de fer ou d'acier. Ce résultat tient aux propriétés particulières de ces substances considérées au point de vue des phénomènes calorifiques.

On détermine en général la flèche au moyen d'une mire que l'on place d'aplomb suivant la verticale qui passe par le milieu du fil. On effectue alors une simple visée de l'un des points d'appui à l'autre, et on laisse filer le brin, jusqu'à ce qu'on lise sur la mire la flèche voulue. Cette opération est souvent difficile à faire, lorsque le fil passe, par exemple, au-dessus d'un cours d'eau ou d'une gorge. On peut alors, sur chacun des supports, marquer un repère dont la distance comptée verticalement à partir du point où s'attache le fil, soit égale à la flèche ; on laisse ensuite aller le fil jusqu'à ce que la courbe qu'il prend devienne tangente à la ligne de visée passant par les deux repères précédemment définis.

Il existe encore un autre mode de pose qui consiste à mesurer directement, non pas la flèche, mais la tension et, à donner à celle-ci la valeur correspondante à la flèche que l'on veut avoir. On observe la tension au moyen d'un dynamomètre à ressort. Cet appareil se compose d'un fort ressort en acier enfermé dans un tube en laiton. Le ressort est relié à une sorte de mâchoire articulée ou de crochet qui se trouve placé en dehors du tube (fig. 63). A mesure que le crochet s'éloigne de la boîte, la tension du ressort augmente ; cette tension peut d'ailleurs être lue sur une échelle gravée à la partie supérieure du tube. On passe le fil autour du crochet, puis on tire par la poignée l'appareil entier jusqu'au moment où on lit sur l'échelle la ten-

Fig. 63.

sion que l'on veut avoir ; il suffit alors d'attacher le fil à l'isolateur.

Par suite de la grande élasticité des fils téléphoniques, on devra apporter un soin particulier à la pose de ces fils, afin d'éviter tout gauchissement et, en général, tout ce qui pourrait, en dégradant le fil, diminuer sa résistance.

Les joints doivent tous être bien soudés. Pour les fils de cuivre, on préfère souvent les manchons d'accouplement aux joints soudés. Dans les lignes téléphoniques, il est extrêmement important d'avoir des joints excellents. Il arrive, en effet, souvent que les courants qui traversent la ligne ne sont pas assez forts pour franchir des contacts imparfaits. Les soudures mal faites, agitées par le vent ou par toute autre cause, donnent lieu à des bruits intermittents qui nuisent à la transmission téléphonique.

Le tableau suivant contient les principales données des différentes espèces de fil les plus employées dans les réseaux téléphoniques.

FILS TÉLÉPHONIQUES USUELS

NATURE DU FIL	Poids par kilomètre en kilogrammes	Résistance par kilomètre en Ohms	Conductibilité Cu = 100	Résistance à la traction en kilogrammes	Prix du kilomètre en francs.
Fil de fer de 5 millimètres.	155	6,5	12	780	50
— 4 —	100	10	12	500	28,75
— 3 —	56	18	12	300	16,25
Fil d'acier de 2 —	25	51	9	440	15
Fil de cuivre de 0,8 —	4,5	108	30	38	12,50
— 1,2 —	10,9	42	32	80	37,50
— 2,0 —	28	5,6	97	150	71,25

Le bourdonnement des fils.

Le bourdonnement ou le chant des fils constituent un inconvénient sérieux. Les conditions dans lesquelles se produit ce phènomène sont assez complexes. Parfois l'on entend un bruit très fort avec un vent faible et parfois c'est l'inverse qui a lieu. Le phénomène ne se manifeste ni quand l'air est tout à fait calme, ni quand le vent est très violent. Il est plus sensible sur les fils fortement que sur les fils faiblement tendus. Le bruit peut se transmettre aux maisons sur lesquelles passe la ligne, de deux manières différentes. Lorsque le bourdonnement est très fort, le chevalet et le toit entier peuvent se mettre à vibrer à l'unisson, et ces vibrations se propagent ensuite dans l'édifice entier. L'expérience montre qu'on favorise ce mode de transmission, si, au lieu de sceller les chevalets dans du bois, on les scelle dans de la maçonnerie ; ce résultat tient sans doute à ce que les pièces vibrantes trouvent dans le bois un point d'appui moins fixe que dans la maçonnerie et les vibrations sont amorties dans une certaine mesure. On se place dans des conditions encore meilleures lorsqu'on n'emploie pas d'assemblage rigide, mais que l'on se borne à faire reposer le chevalet sur le toit, et que l'on dispose sous la selle des cales de plomb, d'asphalte, de déchets de laine, ou de toute autre substance conduisant mal le son.

Mais il ne suffit pas d'atténuer plus ou moins la transmission directe des vibrations à l'édifice, ce qu'on peut toujours faire. Le bourdonnement des fils donne, en effet, naissance à des ondes sonores qui se propagent dans l'air ambiant et pénètrent à l'intérieur des maisons à travers les cheminées et toutes les ouvertures en général. Pour porter remède à cet inconvénient, il faut non seulement chercher à amortir les vibrations des supports, mais encore s'attacher à empêcher le bourdonnement même des fils.

Quelle est, en réalité, la nature de ce phénomène?

Un fil librement tendu dans l'air représente une corde fixée par ses extrémités aux isolateurs et soumise à une tension déterminée qui peut-être plus ou moins grande. Une corde placée dans ces conditions ne peut effectuer que deux sortes de mouvements, dont l'un est caractérisé par des vibrations longitudinales et l'autre par des vibrations transversales.

Si, avec une baguette, on frappe un fil métallique, on provoque une onde qui parcourt plusieurs fois toute la longueur du fil dans un sens et dans l'autre, en diminuant constamment d'intensité jusqu'à ce qu'elle disparaisse complètement. Ces vibrations ne sont pas à craindre, car elles s'éteignent la plupart du temps très vite et se propagent trop lentement pour donner lieu à un son perceptible à l'oreille. Il n'en est pas du tout ainsi pour les vibrations transversales, car alors le fil entier est animé d'un mouvement vibratoire continu. On provoque des vibrations de ce genre lorsqu'on promène par exemple l'archet sur une corde de violon ; les vibrations durent tant que l'archet frotte sur la corde. Chaque partie élémentaire de la corde vibre alors d'une façon continue en effectuant une succession de mouvements rapides de part et d'autre de sa position d'équilibre. Pour que des vibrations de cette nature puissent se produire dans un fil, il faut évidemment qu'il soit soumis, comme la corde de violon, à l'action constante et régulière d'une force ondulatoire. Or, c'est justement ce qui se passe lorsque souffle un vent faible mais continu. Sous l'action du vent, le fil abandonne sa position d'équilibre et s'en écarte de plus en plus jusqu'au moment où son élasticité devient supérieure à la force du vent. A ce moment le fil revient brusquement à sa position d'équilibre, mais avec des vitesses inégales, attendu que la tension n'est pas la même aux différents points du fil ; elle est, comme nous l'avons vu (page 109), plus grande aux points d'attache, qu'au milieu. Il n'y a donc pas, à proprement parler, d'équilibre possible, et il en résulte un mouvement vibratoire continu, dont les causes déterminantes sont la pression *constante* du vent et l'élasticité *variable* du fil. Ces vibrations suivent, d'ailleurs, absolument les mêmes lois que les vibrations des cordes en général.

Les cordes animées de vibrations transversales présentent certains points particuliers appelés *ventres et nœuds*. Les nœuds sont les points qui, pendant le mouvement, restent tout à fait fixes ; les ventres sont les points où les vibrations atteignent leur maximum d'amplitude. Ces points sont tous également distants les uns des autres et leur distance ou la longueur d'onde c, est déterminée par la tension P du fil. Il y a intérêt à connaître la longueur d'onde, car si l'on empêche les points qui représentent les ventres de vibration de prendre part au mouvement, on peut amortir le mouvement entier. Les formules reliant entre elles les diverses grandeurs du problème, sont les suivantes :

$$c = \sqrt{\frac{gP}{qs}} \qquad T = \frac{nc}{2l}$$

En désignant par $g = 9,81$ m l'accélération due à la pesanteur, par q la section et par s le poids spécifique du fil, par l sa longueur et par T la durée d'une vibration.

Pour un fil d'acier de 2 millimètres de diamètre, la section est égale à 0,00000314 m^2, le poids spécifique s est égal à 7,80.

Ces données permettent de calculer le tableau suivant qui contient les longueurs d'onde c en mètres correspondantes à différentes tensions P ; on peut, en consultant ce tableau, se rendre un compte approché des points où sont placés les premiers ventres qui doivent êtres immobilisés si l'on veut amortir les vibrations.

P =	20	40	60	80	100 kg
$T = \dfrac{1}{100}$ sec	0,00707	0,00500	0,00409	0,00353	0,00316
$\dfrac{1}{200}$	0,00353	0,00250	0,00204	0,00176	0,00158
$\dfrac{1}{300}$	0,00236	0,00167	0,00136	0,00118	0,00105
$\dfrac{1}{400}$	0,00177	0,00125	0,00102	0,00088	0,00079
$\dfrac{1}{800}$	0,00088	0,00062	0,000051	0,00044	0,00039

On a préconisé différents moyens pour maintenir immobiles les ventres de vibrations. Un procédé très simple consiste à serrer le fil entre des boules ou des cylindres de bois garnis de feutre. Ce procédé donne de bons résultats pendant quelque temps, mais le bois ne tarde pas à jouer sous l'action des variations atmosphériques et se déforme à un point tel, qu'au bout de peu de mois l'efficacité du système est pour ainsi dire nulle. Par suite des vibrations du fil, les boules qui sont percées d'un trou, se déplacent le long du conducteur et s'écartant les unes des autres donnent à la ligne un aspect très curieux. On obtient un résultat plus stable en entourant le conducteur avec du fil de plomb de 5 millimètres de diamètre, sur une longueur de 50 millimètres environ.

Ces dispositifs que l'on place sur le fil même, présentent un inconvénient sérieux. Les points du fil qui servent de siège aux sourdines s'oxydent très facilement, car les substances dont sont faites les sourdines retiennent l'humidité ;

de là un danger au point de vue de la résistance de la ligne. Nous allons indiquer un mode d'amortissement dans lequel cet inconvénient disparaît. On peut également empêcher le fil de vibrer en rendant son point d'attache mobile, de telle sorte qu'il absorbe, pour ainsi dire, les variations de tension qui se produisent dans le fil. Il est évident, par exemple, que si, au lieu d'enrouler directement sur une cheville fixe la corde d'un violon, on l'attachait à cette même cheville par l'intermédiaire d'une bande de caoutchouc, il serait impossible de provoquer dans la corde de fortes vibrations. Pour obtenir un effet analogue, avec les fils téléphoniques on n'enroule pas ces fils directement sur les isolateurs ; on commence par garnir ces derniers d'un collier de caoutchouc ou de feutre, que l'on protège par une chemise métallique et c'est alors seulement que l'on vient placer le fil. Ce procédé amortit les vibrations tant que les substances employées restent en bon état. Mais le caoutchouc, au bout d'un an, a déjà perdu, par suite des actions atmosphériques, presque toute son élasticité ; le feutre se conserve également très mal.

Fig. 64.

L'amortisseur à chaîne, de la figure 64, est basé sur le même principe. Il se compose essentiellement d'une chaîne terminée par deux galets en porcelaine. Cette chaîne est fixée à la place du fil sur l'isolateur ou, en général, le sup-

port correspondant. Elle a un mètre de longueur environ.
Le fil lui-même est coupé en deux et chaque extrémité est
fixée à l'un des galets en porcelaine, absolument comme s'il
s'agissait d'un isolateur. Pour assurer la continuité électrique
de la ligne, on est obligé de relier par un fil les deux galets.
Cet amortisseur est probablement le plus efficace, malheureusement il est d'un montage et d'un entretien assez difficiles. Un procédé analogue à celui-ci consiste à remplacer
la chaîne par un ressort en acier (fig. 65), que l'on fixe sur
l'isolateur et aux extrémités duquel on attache la ligne. Il
n'y a plus besoin d'employer ici de fil auxiliaire, le ressort
en acier assurant la continuité électrique du circuit.

Fig. 65.

Le bourdonnement des fils est une question dont il faut
très sérieusement se préoccuper, sans quoi on risque d'être
obligé de déplacer certains supports. En général, il est bon,
au moment même de la pose, de ne pas négliger l'emploi
des moyens préventifs. Il faut, avant tout, chercher à avoir
des portées aussi faibles que possible. Les fils légers sont
plus silencieux que les fils lourds. Par suite de ses propriétés
élastiques, le fil de cuivre est plus avantageux, au point de
vue qui nous occupe ici, que le fil d'acier.

Induction.

Si l'on considère une ligne prise à part, c'est-à-dire
formée par un fil de longueur variable, soutenu, en un certain nombre de points, par des supports spéciaux, il suffira
de parfaitement isoler ce fil au moyen de bons isolateurs et
d'éviter tout contact avec les corps étrangers pour le garantir

d'une façon absolue contre les influences extérieures. Une ligne de ce genre permet de téléphoner à de très grandes distances, surtout si on emploie du fil de cuivre. Les conditions changent tout à fait dès qu'on n'a plus affaire à une ligne isolée, mais que les mêmes supports servent à un assez grand nombre de lignes, comme cela est le cas des réseaux téléphoniques. Il se produit alors un singulier phénomène : sur tous les appareils intercalés dans les lignes qui suivent la même direction, on peut entendre ce qui se dit sur une de ces lignes, aussi bien que sur cette ligne même. Ce phénomène, basé sur l'induction électro-dynamique, obéit absolument aux mêmes lois que celles qui interviennent dans le fonctionnement de la bobine micro-phonique et transforment en courants induits, les courants de la pile. Il y a proportionnalité entre les ondes électriques induites et inductrices. Comme ces dernières se décomposent en ondes sinusoïdales élémentaires, le courant induit reproduit les mêmes ondes avec, simplement, un retard dans la phase égal à une demi-longueur d'onde, ainsi que nous l'avons fait remarquer précédemment (p. 49). L'impression reçue par l'oreille étant indépendante de la phase, on obtient par ce procédé une transmission très fidèle. Les amplitudes sont évidemment diminuées dans une certaine mesure ; mais si les fils cheminent parallèlement sur de très grandes distances, l'amplitude des courants induits est encore appréciable.

Il est certain qu'une ligne téléphonique de ce genre ne se prêterait à aucune utilisation pratique, puisqu'on ne pourrait jamais employer qu'un fil à la fois. On a essayé différents moyens pour éviter l'induction, ou du moins pour la diminuer dans une forte mesure. Le premier moyen qui se présente à l'esprit consiste à éloigner les fils les uns des autres, suffisamment pour que l'influence mutuelle ne soit plus à craindre. Mais l'expérience montre que ce procédé ne donne aucun résultat. Avec des supports indépendants et une distance de 10 et même de 50 mètres, l'induction s'exerce encore pourvu que les fils restent parallèles sur une assez grande longueur. Des considérations d'ordre mathématique conduisent au même résultat. Soit L la longueur des fils parallèlement tendus et d leur distance.

Une onde électrique i parcourant l'un des fils induit dans l'autre une onde dont la force électromotrice est

$$E = -2L\left(\log_e \frac{2L}{d} - 0{,}75\right)i$$

et l'intensité

$$I = -\frac{2L}{\rho L}\left(\log_e \frac{2L}{d} - 0{,}75\right)i$$

ρ désignant la résistance spécifique du fil. En général, il y a des appareils téléphoniques intercalés dans la ligne; ce sont tantôt les électro-aimants des sonneries et des annonciateurs au bureau central, tantôt les bobines d'induction des microphones et des téléphones. La résistance est alors $R + L\rho$ et l'intensité du courant induit

$$I = -\frac{2L}{R + \rho L}\left(\log_e \frac{2L}{d} - 0{,}75\right)i$$

Cette expression montre que le courant induit ne peut disparaître que si l'on a $\log_e \dfrac{2L}{d} = 0{,}75$, ce qui pratiquement est impossible. On voit aussi qu'en faisant varier entre des limites peu étendues la distance d on n'obtient à peu près aucun résultat pour de longues lignes.

Afin de mettre ce fait très important bien en lumière, nous avons calculé dans le tableau suivant les valeurs de l'expression $\left(\log_e \dfrac{2L}{d} - 0{,}75\right)$ pour $L = 100$ mètres,

$L = 1\,000$ mètres et $L = 10\,000$ mètres ainsi que pour les distances

$$d = 0{,}1 \quad 0{,}2 \quad 0{,}3 \quad 0{,}4 \quad 0{,}5 \quad \text{et} \quad 1 \text{ mètre}$$

Les deux dernières valeurs de d sont supérieures à celles généralement admises dans la pratique (0,2—0,4).

$L =$		100 mètres	1 000 mètres	10 000 mètres.
$d =$	0,1	6,84	9,83	12,82
	0,2	6,15	9,14	12,13
	0,3	5,74	8,73	11,72
	0,4	5,49	8,48	11,47
	0,5	5,23	8,22	11,21
	1,0	4,56	7,55	10,54

Lorsque la valeur de d devient dix fois plus grande l'expression précédente ne varie que de 33 0/0 pour une distance de 100 mètres, de 23 0/0 pour une distance de 1,000 mètres et enfin de 18 0/0 pour une distance de 10,000 mètres.

Tandis qu'il est impossible de réduire l'induction en agissant sur le second facteur il semble qu'on puisse arriver au même résultat en diminuant le premier facteur, c'est-à-dire en intercalant dans la ligne des résistances aussi élevées que possible. — On a cherché à appliquer ce principe en plaçant dans le circuit microphonique des bobines dont le fil fin présentait une très grande résistance. Mais ceci rend les appareils très couteux et le résultat est incertain car en augmentant la résistance on diminue d'autant l'intensité des courants ; il semble de plus qu'on altère la netteté de la transmission, l'emploi de bobines trop puissantes retardant la production des ondes électriques.

On a essayé divers autres moyens pour arriver simplement au même but. Preece a proposé de modifier la position des fils d'un support à l'autre. Comme la distance des fils n'a qu'une influence très faible sur l'induction il est certain que ce moyen est insuffisant. On a encore préconisé l'emploi d'un gros fil de cuivre qui serait tendu parallèlement aux fils téléphoniques et relié par ses deux extrémités à la terre. Ce fil a une action double. Il empêche en premier lieu les courants de passer d'un fil à l'autre, car, étant moins résistant que les fils téléphoniques il recueille tous les courants dérivés. Mais il agit également comme anti-inducteur. Ce fil devient en effet le siège de courants induits qui par suite de sa faible résistance sont sensiblement plus forts que les courants induits dans les autres fils. Si l'on considère un fil quelconque on voit qu'il estsoumis à une double induction, celle du fil téléphonique sur lequel on parle d'une part et d'autre part celle du gros fil de cuivre : ces deux actions agissant en sens inverse, le courant induit résultant est un courant différentiel. La méthode que nous venons de décrire est coûteuse ; elle nécessite une isolation parfaite de la ligne et de plus elle ne peut jamais faire disparaître l'induction, mais seulement la diminuer, aussi n'a-t-elle été que rarement employée jusqu'à présent sur les lignes aériennes. Elle est par contre d'un usage fréquent pour les câbles où elle donne de meilleurs résultats à cause de l'isolation toujours plus parfaite des câbles ; ceci est d'ailleurs un point sur lequel nous aurons à revenir plus en détail.

Une troisième méthode proposée par Hughes consiste à combattre l'induction de la ligne par une induction agissant de sens contraires et créée artificiellement. On place sur les deux fils parallèles des bobines d'induction qui agissent l'une sur l'autre mais sont disposées de telle façon que dans chaque ligne la bobine et le fil tendent à induire des courants en sens contraire dans le fil voisin. Cette méthode présente deux inconvénients. D'abord elle n'est applicable qu'à un petit nombre de fils, deux ou trois ; si l'on voulait l'étendre à un plus grand nombre de fils il faudrait avoir trop de bobines. De plus, ces bobines nuisent à la transmission surtout s'il devient nécessaire d'en mettre plusieurs sur un même fil.

Comme moyen pratique et efficace on n'a jusqu'à présent rien trouvé de mieux que d'employer deux fils pour une seule ligne et de relier ces fils en boucle de telle sorte que l'on a pour chaque ligne un circuit métallique fermé sans aucun contact à la terre. Considérons par exemple trois fils placés suivant les trois sommets d'un triangle équilatéral. Un courant qui traverse le fil A induit dans les fils B et C des courants de même direction et de même intensité. Si l'on relie en boucle les deux fils B et C, ces deux courants se feront équilibre et les courants qui traversent le fil A n'auront aucune influence sur le circuit formé par les fils B et C. Il est facile de voir que ce circuit n'exercera également aucune influence sur le fil A puisque les courants seront dirigés en sens contraire dans les deux moitiés du circuit et tendront par suite à induire dans le fil A des forces électro-motrices de sens contraire. Il y a toutefois lieu de remarquer que nous avons admis ici certaines hypothèses qui dans la pratique ne sont pas tout à fait satisfaites. Nous avons admis que le courant induit dans les deux moitiés de la boucle a exactement la même intensité et il est nécessaire que l'intensité dans les parties juxtaposées des deux fils soit la même. Il faut donc que l'isolation soit aussi régulière que possible tout le long de la ligne et également aussi parfaite que possible. Une mauvaise isolation n'a pas seulement pour effet d'affaiblir le courant ; elle favorise en même temps le passage du courant d'un fil au fil voisin et détruit ainsi l'équilibre. En pratique il est extrêmement difficile de construire et d'entretenir des lignes aériennes qui, même par les temps les plus mauvais satisfassent aux conditions que nous venons d'exposer. L'usage des circuits métalliques fermés est très répandu en Allemagne et en Angleterre.

L'emploi des lignes en boucle n'est pas sans présenter certains inconvénients quand il s'agit de relier ces lignes aux fils simples des abonnés. La communication s'établit en général suivant la méthode imaginée par Benett (fig. 66), méthode dans laquelle la transmission du circuit fermé un fil simple se fait au moyen d'une bobine d'induction. La bobine se compose de deux hélices enroulées parallèlement autour d'un noyau en fer doux. Ordinairement on prend pour l'hélice en circuit avec la boucle dont la résistance est supérieure à celle de la ligne simple un fil plus fin que pour la deuxième hélice ; les résistances des deux hélices sont d'ailleurs à peu près proportionnelles aux résistances des deux circuits correspondants.

La construction de cette bobine est un problème assez délicat. La bobine doit en effet, satisfaire à deux condi-

Fig. 66.

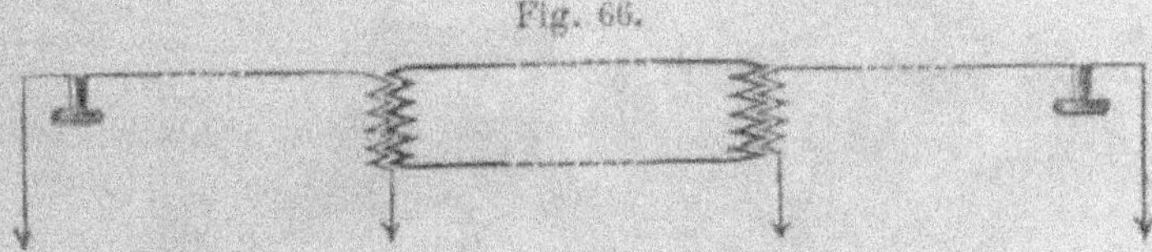

tions ; il faut d'abord qu'elle ait un coefficient de transformation aussi élevé que possible et ensuite qu'elle altère le moins possible la netteté de la transmission téléphonique. Ce sont là deux conditions qui, dans une certaine mesure se contredisent. Il n'est pas très difficile, en l'état actuel de la science, de construire des transformateurs ayant un rendement de 90 0/0. Mais ces appareils emploient une grande quantité de fer, substance qui tend toujours, à cause de l'inertie des molécules magnétiques, à retarder les ondes électriques et à altérer par suite la netteté de la transmission. Si l'on a soin de choisir, pour le noyau, du fil de fer doux bien recuit, de lui donner une forme avantageuse et d'adopter un enroulement convenable on peut augmenter et améliorer dans une assez grande mesure l'effet de la bobine.

Le translateur van Rysselberghe (fig. 67) donne de bons résultats. Il se compose de deux bobines différentes correspondant aux deux fils qui forment la boucle. Le noyau est un cylindre en fer doux fendu dans sa longueur, ayant 1 1/2 millimètre d'épaisseur et 13 millimètres de diamètre. C'est sur ce cylindre que sont enroulés les deux fils. L'enroulement relié à l'un des fils de la boucle a une résistance de 200 ohms, l'autre une résistance de 600 ohms. M. Elsasser estime que l'effet utile des deux bobines peut être augmenté dans le rapport de 1 à 1,7 si l'on relie par une armature les pôles de ces bobines.

Ces transformations sont naturellement accompagnées

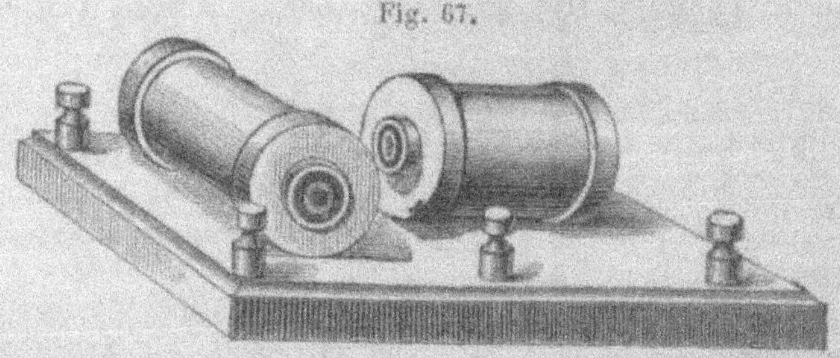

Fig. 67.

d'une certaine perte d'énergie c'est-à-dire d'un affaiblissement du son. Non moins fâcheuse est la *déformation* qui est d'autant plus sensible qu'elle se répète plusieurs fois : dans le microphone du transmetteur, dans la transmission à la boucle et enfin dans la transmission au fil simple de l'abonné qui reçoit. Il n'en est pas moins vrai que la disposition des circuits en boucle est le seul moyen actuellement connu qui permette de mettre plus d'une ligne sur le même support. On peut dans ces conditions se servir même des poteaux télégraphiques sans avoir à craindre l'influence perturbatrice des courants télégraphiques, pourvu que les

fils soient tous bien isolés. Il suffit de veiller à ce que les
fils qui forment la boucle soient tous deux également
influencés par suite de l'induction qu'exercent sur eux les
fils télégraphiques : les courants induits se font alors équilibre. Ce résultat peut toujours être obtenu en intervertis-
sant de temps en temps la place des fils sur les supports.
Lorsqu'il n'y a qu'un fil télégraphique le changement dans
la position relative des fils devra être fait au milieu de la

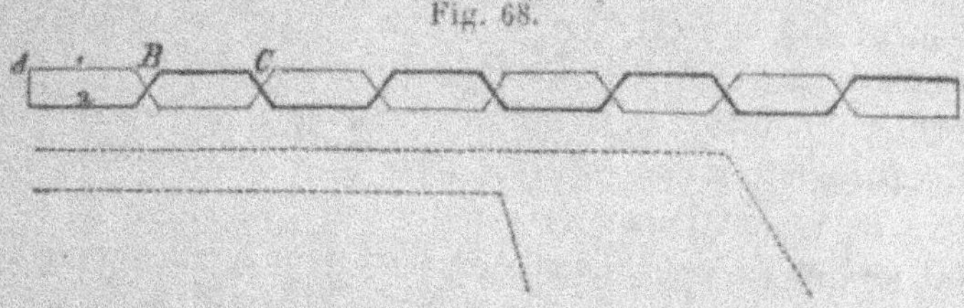

Fig. 68.

ligne. Si nous considérons la figure 68, il est évident que le
fil 2 sera soumis à une induction plus forte que le fil 1 sur
la partie AB de la ligne, et que l'inverse se produira sur la
partie BC. La somme des courants induits est égale de part
et d'autre et l'équilibre parfait. Lorsqu'il y a plusieurs lignes
télégraphiques, il faut avoir soin d'intervertir les fils dans
chaque section. Dans la figure 68, les traits pleins représentent deux fils téléphoniques et les traits pointillés deux
fils télégraphiques.

b) Les câbles.

Dans les grandes villes, le nombre des fils devient tellement considérable que l'on se trouve forcé de recourir à
l'emploi des câbles. Les avantages et les inconvénients des
câbles varient suivant les différents points de vue auxquels
on se place, aussi la question peut-elle donner lieu à des
appréciations qui, au premier abord, paraissent contradic-

toires. Mais lorsqu'il s'agit d'un réseau téléphonique important, on ne peut s'arrêter à discuter les avantages de tel ou tel système, attendu que l'emploi des câbles s'impose avec une nécessité absolue : le seul point intéressant est de savoir si l'emploi des câbles est pratiquement possible. La première difficulté que l'on rencontre dès qu'on veut faire usage de câbles, réside dans les phénomènes d'induction.

Ainsi que nous l'avons fait remarquer précédemment il y a induction toutes les fois que deux fils cheminent parallèlement sur une certaine longueur. Si, comme cela est le cas pour les câbles, la distance qui sépare les fils est très petite, l'induction se manifeste d'une façon très énergique. De fait, cette action est assez forte pour qu'on puisse déjà très nettement l'observer sur des bouts de câbles de 30 à 50 mètres de longueur et elle rend tout à fait impossible l'emploi en téléphonie des câbles ordinaires. On pourrait évidemment avoir recours à la méthode employée dans les installations aériennes et faire usage de circuits métalliques fermés. C'est le procédé adopté à Paris par la Société générale des téléphones, dont le réseau est uniquement formé de câbles. Chaque ligne se compose de deux fils que l'on est obligé de câbler à part afin de leur donner la même position relative, par rapport aux autres fils. On peut ensuite réunir en un câble un nombre quelconque de ces lignes sans avoir d'induction à craindre.

A l'origine, la maison Borel de Cortaillod fabriquait des câbles dans lesquels chaque âme était entourée d'une gaine de plomb faisant fonction de fil de retour. Théoriquement cette disposition est encore meilleure, puisque l'action extérieure est absolument la même, que si le courant allait et revenait à travers l'âme, et la compensation est parfaite. Mais, au point de vue de la fabrication, il est plus simple d'employer deux fils tordus ensemble, dispositif qui pratiquement donne les mêmes résultats.

L'emploi des circuits métalliques fermés offre cependant un inconvénient très sérieux, qui est l'augmentation de prix du réseau. Il va d'ailleurs sans dire que les communications avec les bureaux centraux et les appareils doivent également être faits au moyen de deux fils, ce qui complique évidemment les postes.

Lorsque des câbles de cette espèce doivent être reliés à des lignes aériennes, il faut que celles-ci soient aussi à fil double, à moins que l'on ne veuille, dans chaque ligne, intercaler une bobine d'induction, dispositif qui n'est pas exempt d'inconvénients, ainsi que nous l'avons fait voir page 128. Ce système offre donc en pratique, toute une série de difficultés, et si le réseau de Paris ne s'est pas encore étendu aux localités environnantes, telles que Versailles, etc., c'est là, sans doute, qu'il faut en chercher la cause.

On a trouvé moyen de construire dans ces derniers temps des câbles qui, tout en étant à fils simples, empêchent l'induction mutuelle de se produire. L'affaiblissement de l'induction est basée sur le même principe que dans les circuits métalliques fermés. Mais comme on supprime le fil de retour, dont l'influence équilibre celle du fil principal, on est obligé de créer artificiellement un courant de compensation. On entoure chaque âme isolée d'une mince feuille d'étain ou de cuivre ; le courant principal induit dans le conducteur ainsi formé un courant de sens contraire, en sorte que l'action qui s'exerce sur un troisième fil n'est plus qu'une action différentielle. Ce troisième fil étant lui-même enveloppé d'une gaine métallique, le courant résultant, n'est lui-même qu'un courant différentiel et en fin de compte, l'induction est extrêmement affaiblie.

En donnant à la gaine métallique une résistance et une capacité convenables, on peut arriver à rendre le courant induit résultant aussi faible que possible et à construire, par suite, des câbles absolument dépourvus d'induction.

Un autre procédé, qui au fond revient au même, consiste à noyer dans le câble, deux ou trois fils métalliques, dont la section est sensiblement supérieure à celle des fils à travers lesquels on parle ; aux deux extrémités du câble, ces fils sont reliés à la terre. Lorsqu'un courant traverse l'un quelconque des fils de ligne, il induit dans les fils de lignes voisins, des courants d'intensité beaucoup moindre que dans les fils de terre, dont la section est relativement considérable. On a en définitive, comme dans le cas précédent, une action différentielle entre le courant principal et le courant induit dans le gros fil. En général, on emploie concurremment les deux méthodes : celle des gaines protectrices et celle des fils de terre.

Nous allons décrire trois types différents de câbles sans induction.

I. — Le câble de Felten et Guileaume est formé en général de 27 âmes. Chaque âme, de 0,7 millimètres de diamètre, est enveloppée de coton préalablement imprégné d'une substance isolante de composition particulière. Autour de ce guipage en coton, vient s'enrouler une mince feuille d'étain ; ces feuilles d'étain, qui constituent les gaines métalliques extérieures, communiquent avec trois fils de terre d'un diamètre de un millimètre environ, noyés dans le câble. Tout le système est protégé au moyen d'une double enveloppe de plomb qui a spécialement pour mission de garantir les parties isolantes contre l'humidité. L'enveloppe de plomb est également reliée à la terre et joue, par conséquent, au point de vue de l'induction, le même rôle que les gros fils intérieurs. Ces câbles ont un diamètre de 17 millimètres et un poids de 0,75 kilogrammes par mètre courant. Leur capacité est de 2,4 microfarads, environ par kilomètre.

II. La maison Siemens et Halske, de Berlin, fabrique une autre espèce de câbles. Ces câbles ont généralement 7 âmes. Le fil de cuivre a un diamètre de 1 millimètre et est garni

d'une enveloppe de chanvre imprégné d'une substance isolante. Autour de chaque âme est enroulée une lame de
cuivre de 0,1 millimètre d'épaisseur et de 4 millimètres de
largeur. Tout le système est également emprisonné dans
une chemise de plomb.

III. Un câble particulièrement intéressant est celui de
Patterson (fig. 69). Ce câble comprend d'ordinaire 20 ou
50 conducteurs, souvent même 100. Le câble de 50 fils
mesure 20 millimètres de diamètre; il est traversé en son
milieu par un fil de cuivre de 3 millimètres de diamètre
faisant fonction de fil de terre. Ce faisceau de conducteurs

Fig. 69.

est entouré d'un ruban de plomb; par contre les conducteurs n'ont pas de gaine métallique comme dans les systèmes précédents. L'expérience a montré que l'induction
était d'autant plus faible que l'on avait un plus grand nombre
de fils réunis dans le même câble absolument comme pour
les lignes aériennes. Ce résultat était d'ailleurs facile à
prévoir car chacun des fils joue, toutes proportions gar-
dées, le rôle de la gaine protectrice que l'on est obligé
d'employer dès qu'il s'agit d'un petit nombre de conducteurs.

Lorsqu'on voulut appliquer en grand aux réseaux téléphoniques ces câbles *sans induction*, on ne fut pas long à
s'apercevoir qu'ils exerçaient sur la netteté de la transmission une influence très fâcheuse. Ce résultat pouvait être
indiqué à priori et s'explique par les considérations que
nous avons exposées plus haut (p. 102) relativement à la pro-

pagation des ondes électriques. La vitesse de la transmission est déterminée, comme il a été dit, par la capacité électrostatique de la ligne. Si l'on prend deux fils de résistances égales, mais l'un en fer, l'autre en cuivre, la différence des diamètres est déjà suffisante pour que la transmission soit sensiblement meilleure avec le fil en cuivre qu'avec celui en fer. Or, la capacité des conducteurs qui entrent dans la composition d'un câble étant beaucoup plus grande que celle des fils aériens, il est naturel que l'on ait une transmission plus mauvaise dans le premier cas que dans le second.

L'influence de la capacité du câble sur la propagation des ondes électriques a une certaine analogie avec le phénomène que l'on observe si l'on imprime un mouvement de va-et-vient à un piston placé dans un tube en fer rempli d'eau. Le mouvement du piston produit alternativement dans le liquide des accroissements et des diminutions de densité; ces variations se propagent dans le tube avec une certaine vitesse, mais leur intensité ou leur amplitude diminue très rapidement. Si l'on se borne à considérer le résultat final, cette comparaison rend très bien compte de ce qui se passe dans les câbles, mais elle cesse d'être exacte dès qu'on examine de plus près les caractères physiques des deux phénomènes. Dans le premier cas, l'énergie perdue par l'eau en mouvement ne se retrouve plus comme telle puisqu'elle est transformée en chaleur par suite du frottement contre les parois intérieures du tube; dans les câbles, au contraire, l'énergie électrique se conserve toujours sous la même forme et l'énergie perdue par les ondes vient se fixer sur les parois du conducteur. Dans cet ordre d'idées, le phénomène qui nous occupe est de tous points semblable à un autre phénomène très accessible à nos mesures, à savoir la propagation de la chaleur dans un corps conducteur. La terre nous offre l'exemple d'un de ces mouvements calorifiques. Elle est en effet soumise à des échauffements et à des refroidissements périodiques ; la durée d'une période étant de vingt-quatre heures. Pendant le jour, la terre absorbe de la chaleur ; celle-ci se propage avec un mouvement ondulatoire qui va de la surface au centre de la terre et atteint son maximum entre 2 et 3 heures de l'après-midi. A partir de ce moment, il y a refroidissement et le flux de chaleur se propage du centre vers la surface ; la courbe du refroidissement passe par son maximum entre 3 et 4 heures du matin. Tel est le phénomène que l'on observe à la surface de la terre. Mais si l'on ne se contente pas d'une observation superficielle et que l'on examine ce qui se passe à une certaine profondeur, on reconnaît que ce flux ondulatoire de chaleur se propage très lentement dans l'intérieur de la terre et que les ondes décroissent très rapidement. A une profondeur de un mètre, le mouvement de chaleur n'est plus sensible ; à une profondeur de 50 centimètres, l'amplitude des ondes est à peine le cinquantième de ce qu'elle est à la surface et le retard atteint déjà douze heures.

Les câbles sont le siège de phénomènes tout à fait analogues. Une onde électrique, en se propageant à travers un câble, subit une double modification : son amplitude décroît et sa vitesse diminue.

L'affaiblissement des ondes, considérées isolément, ne serait pas un inconvénient très sérieux : il n'aurait d'autre effet que de réduire la distance de la transmission. Mais ce qu'il y a de plus grave, c'est que l'affaiblissement pour chaque longueur d'onde est une fraction constante de l'amplitude ; il résulte de là que les sons élevés se trouvent plus affaiblis que les sons bas. Si en effet une onde est quatre fois plus longue qu'une autre il est évident qu'après avoir franchi une certaine longueur de câble elle se trouvera quatre fois moins affaiblie. Or comme un son complexe ne dépend pas seulement de la hauteur des sons simples qui le composent, mais également de leur intensité, tous les sons seront altérés après avoir franchi une certaine longueur de câble. La transmission est encore altérée par le retard ou le changement de la phase. Ainsi que nous l'avons fait remarquer précédemment, la phase n'a aucune influence sur l'impression qu'une onde sonore donnée produit sur notre oreille. Il n'est pas nécessaire que les différentes ondes simples qui concourent à la formation d'un son complexe, commencent toutes leur mouvement au même moment, et l'instant auquel chacune d'elles passe par son maximum ou son minimum est tout à fait indifférent. Mais ceci n'est vrai que pour l'intervalle de temps compris entre l'origine et la fin d'un son donné. Dans la transmission téléphonique, les divers sons se suivent très rapidement et le déplacement des phases peut devenir assez grand pour que deux sons successifs se confondent. Le déplacement de la phase ayant, comme l'affaiblissement, une durée constante pour chaque longueur d'onde, il est certain que ce déplacement sera relativement plus grand pour les ondes courtes que pour les ondes longues. Celles-ci arriveront donc au récepteur plus vite que celles-là. Les ondes les plus longues pourront même se mêler au son qui les précède, tandis que les ondes les plus courtes seront assez retardées pour entrer dans la composition du son qui les suit. On comprend aisément que dans ces conditions la transmission soit défectueuse.

On peut se demander s'il n'est pas possible de construire les câbles de telle façon que cette déformation se trouve réduite à un minimum. Elle provient évidemment de la capacité : il faut donc diminuer celle-ci autant que possible. Dans les câbles téléphoniques la capacité dépend surtout des gaines métalliques qui enveloppent les conducteurs simples. Si l'on supprime ces gaines, la capacité et par suite la déformation, deviennent moindres, mais en revanche l'induction se manifeste aussitôt. Induction et déformation : ce sont là deux phénomènes dont l'un croît et l'autre diminue avec la capacité. Il n'est donc pas possible de les éviter tous deux, et le seul parti à prendre est de choisir un moyen terme.

En pratique, ont s'attache à avoir une capacité qui tout en étant aussi faible que possible, réduise l'induction dans les limites compatibles avec un service régulier.

La capacité du conducteur a pour expression

$$C = \frac{l\,0{,}434}{2\log\dfrac{R}{r}}K$$

l représentant la longueur du câble, R le rayon de l'enveloppe métallique, r celui de l'âme en cuivre, et K la constante du diélectrique.

Voici quelles sont, d'après Gordon, les constantes pour les diélectriques les plus fréquemment employés.

Paraffine.	1,99
Gutta-percha	2,46
Caoutchouc	2,50
Composition Chatterton . . .	2,45
Verre.	3,50

De toutes les substances essayées jusqu'à ce jour, la paraffine, traitée par l'acide carbonique, paraît avoir donné les meilleurs résultats pour la fabrication des câbles téléphoniques.

M. Elsasser affirme qu'il a pu communiquer jusqu'à une distance de 10 kilomètres avec les câbles sans induction de Felten et Guileaume. La capacité de ces câbles est de 2 à 2,5 microfarads par kilomètre. Il paraît qu'avec les câbles

Patterson, dont la capacité n'est que de 1,5 microfarads, on peut aller jusqu'à 50 kilomètres. Mais ceci n'est vrai que si les deux postes extrêmes sont directement reliés au câble. Lorsque ce câble est relié à une ligne aérienne, le retard devient beaucoup plus sensible, et, fait assez curieux, il n'est pas le même pour les deux extrémités. Le poste placé au bout du câble peut facilement se faire comprendre, tandis qu'il comprend très mal ce qui se dit au bout de la ligne aérienne ; toute conversation est donc impossible. Cet inconvénient se manifeste déjà, lorsque le câble n'a que quelques kilomètres de longueur, en sorte que l'emploi des câbles est limité même dans les réseaux urbains.

Nous allons ici encore prendre la transmission de la chaleur comme moyen de comparaison pour nous rendre compte de ce qui se passe dans les câbles. La différence entre un câble et une ligne aérienne tient à la capacité, beaucoup plus grande pour le premier conducteur que pour le second. Au point de vue des phénomènes calorifiques ce serait le cas de deux corps ayant à peu près la même conductibilité avec des chaleurs spécifiques différentes. Tels sont par exemple l'or et le cuivre. Ces deux métaux conduisent la chaleur à peu près aussi bien l'un que l'autre, mais la chaleur spécifique de l'or est trois fois plus petite que celle du cuivre. Imaginons deux longs cylindres, l'un en or, l'autre en cuivre, posés bout à bout. Qu'arrivera-t-il lorsque des ondes calorifiques se propageront de l'or au cuivre et inversement ? Il est facile de s'assurer que les ondes qui passent du cuivre à l'or gardent leur forme et, si les cylindres sont bien garantis contre le refroidissement, arrivent jusqu'à l'extrémité du cylindre en or ; elles se propagent même dans l'or plus rapidement que dans le cuivre. Il en est tout à fait autrement pour les ondes qui cheminent de l'or au cuivre. Le flux de chaleur qui entre dans le cuivre ne peut élever ce métal à la même température que l'or, les ondes s'affaiblissent rapidement et disparaissent tout à fait à une faible distance du plan de séparation.

La capacité des câbles est beaucoup plus considérable que celle des lignes aériennes, et il suffit de relier à une ligne aérienne de 50 kilomètres un câble assez court, de deux kilomètres par exemple, pour rendre la conversation très pénible et même impossible ; cet inconvénient restreint évidemment dans une grande mesure l'emploi des câbles. L'expérience faite à Nuremberg, Copenhague et dans beaucoup d'autres villes justifie ces prévisions théoriques.

Les câbles téléphoniques peuvent être placés sous terre ou sur des supports, comme les lignes aériennes. Ce dernier procédé est le plus simple et devient surtout précieux quand par suite du manque de place on est obligé de renoncer aux fils aériens ordinaires et que la pose des câbles souterrains est impossible. Mais il est évident que ce système ne présente ni les avantages des câbles souterrains qui ne gênent aucunement la vue et sont extrêmement bien protégés contre les perturbations atmosphériques, orages, neige, etc., ni ceux des lignes aériennes, lesquelles, outre qu'elles sont d'une pose beaucoup moins onéreuse, se prêtent avec une extrême facilité aux nombreux branchements que l'on est obligé de faire dans les réseaux téléphoniques.

Il n'en est pas moins vrai que les câbles aériens offrent sur les câbles souterrains un avantage très sérieux qui est celui d'une déformation beaucoup moindre des ondes électriques. Dans un câble souterrain qui se trouve noyé dans la terre, c'est-à-dire dans une substance bonne conductrice, chaque âme a, par rapport au milieu ambiant, un coefficient d'induction et une capacité très grands, d'où résulte également une grande déformation du courant électrique qui traverse cette âme. La déformation est beaucoup plus petite pour les câbles aériens qui de toutes parts sont enveloppés par une substance très isolante.

On voit que chacun des trois systèmes, lignes aériennes, câbles aériens et câbles souterrains, offre ses avantages et ses inconvénients. Dans un grand réseau on cherchera à combiner judicieusement ces trois systèmes en s'attachant surtout à avoir de faibles longueurs de câble.

Les câbles n'ayant en général comme garniture extérieure qu'une chemise en plomb et n'offrant par conséquent qu'une faible résistance à la traction, on ne peut les tendre librement d'un support à l'autre; il faut toujours entre les deux supports disposer un fil d'acier suffisamment résistant auquel on suspend le câble. La figure 70 montre un bout de câble dans lequel le fil d'acier destiné à supporter le câble

Fig. 70.

s'enroule en spirale autour de celui-ci. On peut également supporter le câble au moyen d'une série de petits manchons à travers lesquels passe le câble et qui sont suspendus au fil d'acier. La figure 71 montre ce mode de suspension. Le fil d'acier qui a 4 à 5 millimètres de diamètre, s'attache à de solides crochets en fer fixés sur la façade ou sur le toit des maisons.

Quand les câbles sont placés sous terre, il est presque indispensable de les loger dans un caniveau, car la gaine de plomb est d'une protection insuffisante. Ce caniveau peut être fait au moyen de fer en U ou de fer Zorès; il peut également être construit en briques ou en ciment. En général, on le place à 1 mètre au-dessous du sol. Les longueurs de câble employées étant en général voisines de 1 kilomètre, il y a avantage à poser des câbles d'une seule pièce, on

Fig. 71.

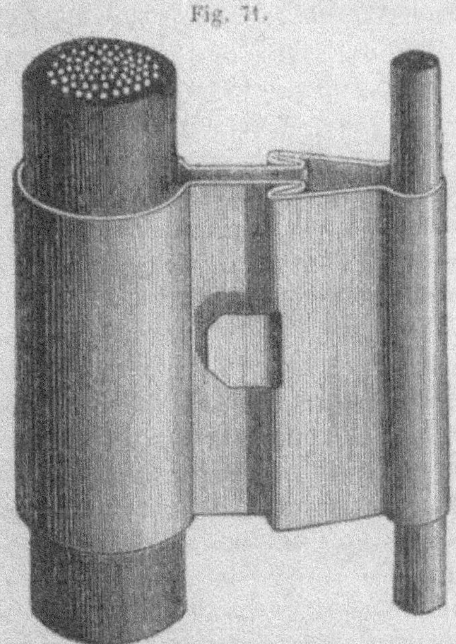

évite ainsi les soudures qui pour des câbles à 27 ou même à 50 âmes, constituent toujours une opération très délicate et ne peuvent manquer d'être un point faible.

c) La téléphonie à grande distance.

Nous avons vu page 126 que l'on pouvait éviter l'induction mutuelle de deux lignes en employant pour chacune de ces lignes un circuit métallique fermé. Avec une construction soignée, ce système permet de placer plusieurs lignes sur le même support. C'est là, au point de vue de la téléphonie à grande distance, un avantage très sérieux. Mais le prix de pose des lignes de ce genre est élevé et constitue un grave obstacle à l'établissement des communications à longue distance. M. van Rysselberghe a cherché à triompher de cet obstacle en imaginant d'utiliser pour la correspondance par téléphone les fils télégraphiques déjà existants, de telle sorte que l'on pût employer simultanément ces fils pour la télégraphie et la téléphonie. Ainsi définie, l'invention de M. van Rysselberghe paraît d'une importance capitale, mais elle oblige à apporter des transformations délicates et coûteuses dans les lignes existantes, et ceci lui fait perdre une grande partie de sa valeur.

Pour qu'il soit possible de télégraphier et de téléphoner simultanément sur le même fil, il faut évidemment que les courants téléphoniques n'influencent en rien les appareils télégraphiques et réciproquement. Il est relativement facile de réaliser cette double condition. Les appareils télégraphiques fonctionnent avec des courants *constants*, pourvu que *l'intensité* de ces courants ait une valeur assez élevée pour attirer l'armature des électro-aimants récepteurs. Pour les appareils téléphoniques, au contraire, l'intensité n'a qu'une importance secondaire ; pour faire parler un téléphone, il faut des *variations rapides* de courant ; quelque forte que soit l'intensité, si les variations sont lentes, l'appareil reste muet. Le problème se trouve donc résolu, si l'on emploie pour télégraphier des courants forts, mais à variations lentes, et pour téléphoner, des courants faibles, mais à variations rapides. Les courants téléphoniques étant toujours trop faibles pour influencer les appareils de télégraphie, il suffit de modifier les courants télégraphiques de telle façon que l'on n'ait pas de variation brusque de courant au moment où l'on abaisse ou à celui où l'on élève la touche du manipulateur. Ce résultat peut être obtenu de différentes manières.

Si l'on considère un circuit électrique, composé d'une
pile et d'un conducteur rectiligne, l'intensité passe presque
instantanément de sa valeur de régime à la valeur zéro
lorsqu'on ouvre le circuit. Inversement, quand on ferme le
circuit, l'intensité atteint presque instantanément sa valeur
de régime, en sorte que si l'on veut représenter l'intensité
en fonction du temps, on obtient la courbe de la figure 72 *a*.
Si maintenant on intercale dans le circuit une bobine, on
observe un phénomène curieux. Il faut un certain temps
pour que le courant atteigne une valeur stationnaire lorsqu'on ferme le circuit et il s'écoule de même, à partir de la
rupture du circuit, un certain temps avant que l'intensité

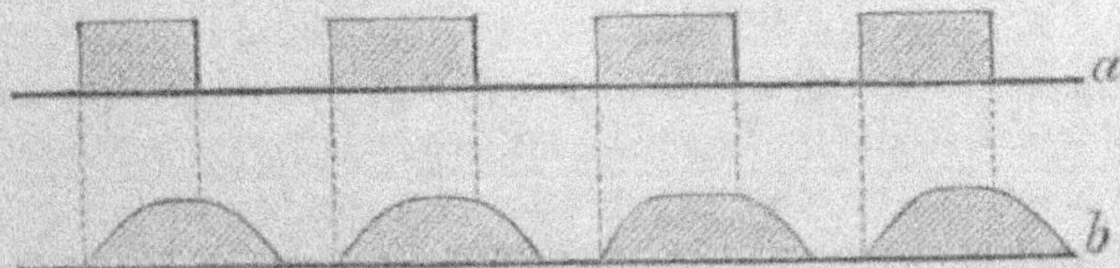

Fig. 72 *a* et fig. 72 *b*.

devienne nulle. La courbe du courant a alors l'allure de la
figure 72 *b*. Sur cette figure les instants qui correspondent
à la fermeture et à la rupture du circuit, sont indiqués par
des traits verticaux pointillés. Ces effets particuliers sont
sensiblement amplifiés, si l'on place dans la bobine un noyau
en fer doux. Le phénomène que l'on observe ici, provient
des extra-courants qui prennent toujours naissance lorsqu'on ouvre ou qu'on ferme le circuit. L'extra-courant
prend d'ailleurs également naissance, quand l'intensité du
courant varie, ou quand on enfonce vivement le noyau de
fer doux dans le creux de la bobine, ou qu'on l'en retire.

Lorsqu'on ferme le circuit, l'extra-courant agit en sens
inverse du courant qui tend à s'établir et par suite, il affaiblit
celui-ci ; inversement, quand on ouvre le circuit, l'extra-

courant est de même sens que le courant principal et a pour
effet de prolonger ce dernier. On peut augmenter cette
action dans les limites les plus étendues en faisant varier
les dimensions de la bobine ainsi que celles du noyau de
fer doux. L'action est d'autant plus énergique, que le coefficient d'induction de la ligne est plus grand. Pour obtenir
de puissants effets, M. van Rysselberghe entoure sa bobine
intérieurement et extérieurement de fer doux : une bobine
ainsi faite s'appelle un *graduateur*.

On peut obtenir le même effet, ou du moins un effet
analogue, avec des condensateurs. On place ceux-ci en
dérivation dans le voisinage immédiat de la pile. Avant
d'aller plus loin ce courant doit charger le condensateur et
ceci équivaut à un affaiblissement du courant, au moment
de la fermeture du circuit. Quand le circuit est ouvert, le
condensateur se décharge graduellement et prolonge la
durée du courant. Le condensateur agit donc exactememenl
comme l'extra-courant. Les condensateurs sont formés par
un grand nombre de feuilles d'étain, séparées par une substance très isolante. Cette action retardatrice des condensateurs, avait depuis longtemps déjà été observée sur les câbles
transatlantiques. Un câble transatlantique représente en effet
un condensateur de grandes dimensions ; l'âme, en cuivre,
forme l'une des armatures, l'enveloppe métallique qui communique avec la mer, l'autre armature. Lorsqu'on abaisse
la clef du manipulateur en Europe, il s'écoule plus d'une
seconde avant que le courant en Amérique ait une valeur
appréciable et il faut 4 à 5 secondes pour qu'il atteigne sa
valeur de régime. S'il était possible d'établir entre les deux
continents, une ligne dont la capacité fût nulle, c'est-à-dire
de maintenir ce fil en l'air, il suffirait d'un vingtième de
seconde, pour que la même distance fût franchie.

Pour obtenir sur les lignes télégraphiques ordinaires, les
effets que nous venons de signaler, M. van Rysselberghe

emploie une combinaison de graduateurs et de condensateurs convenablement reliés aux appareils télégraphiques. Lorsqu'il s'agit d'appareils Morse, on emploie le dispositif représenté schématiquement sur la figure 73 et connu sous le nom d'appareil *anti-inducteur*. Cet appareil se compose de deux graduateurs de 500 ohms chacun et d'un condensateur de deux microfarads. Entre la pile et le contact de

Fig. 73.

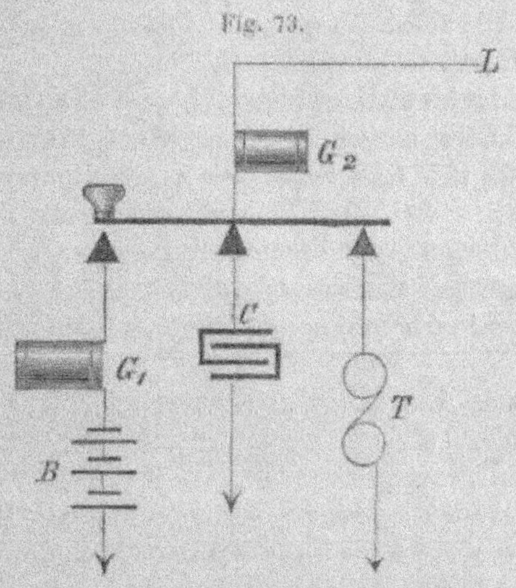

travail de la clef Morse, est placé le graduateur G_1, destiné à amortir la première impulsion du courant. Le courant arrive ensuite à la masse de la clef, qui communique d'une part avec le condensateur C et d'autre part avec la ligne. Avant de se rendre dans la ligne, le courant doit charger le condensateur C, lequel est relié à la terre. Pour obtenir ce résultat plus facilement, on intercale dans la ligne un deuxième graduateur G_2, destiné à refouler le courant vers le condensateur et en général à renforcer la graduation. Le contact de repos est comme d'habitude relié au récepteur T.

Grâce à cette combinaison, les courants de 8 à 12 milli-ampères sont parfaitement bien gradués, de telle sorte que l'on peut à peine s'apercevoir dans le téléphone du moment où l'on abaisse la clef, ou de celui où elle se relève. On remarque, en faisant cette expérience que la variation est bien plus rapidement amortie lorsqu'on ferme le circuit, que lorsqu'on l'ouvre. Dans ce dernier cas, il est beaucoup plus difficile d'éviter la chute brusque de la courbe d'intensité à cause de l'étincelle qui se produit forcément, quand on ouvre le circuit.

Dans toutes les stations télégraphiques où se trouvent des piles, il faudra mettre des appareils anti-inducteurs. Il faudra donc, si la ligne fonctionne à circuit ouvert, munir chaque station du dispositif que nous venons de décrire. Ceci nécessite un grand nombre d'appareils accessoires qui doublent presque la résistance de la ligne. Le nombre des piles augmente par conséquent également dans une grande mesure.

Si l'on a au contraire affaire à une ligne fonctionnant à circuit fermé, il n'y a qu'un petit nombre de stations, deux ou trois, qui soient pourvues de piles. Il suffit alors de placer des anti-inducteurs dans ces dernières stations. Lorsqu'il y a beaucoup d'appareils intercalés dans la ligne, ces appareils jouent le rôle de graduateurs, en sorte qu'il devient inutile d'avoir beaucoup d'appareils spéciaux. D'une façon générale, la graduation est beaucoup plus facile à obtenir sur une ligne qui travaille à circuit fermé que sur une ligne qui travaille à circuit ouvert.

La figure 74 montre le schéma du dispositif à employer pour graduer les courants d'une ligne desservie au moyen d'appareils Hughes.

Quand ce système de graduation a été appliqué à tous les fils d'une ligne télégraphique, on peut sur les mêmes supports, placer des fils téléphoniques. On peut même employer pour la téléphonie un des fils télégraphiques.

On pourrait, à la rigueur, intercaler directement le téléphone dans la ligne ; mais alors les courants télégraphiques traverseraient la bobine du téléphone et la membrane se trouverait alternativement attirée et repoussée. Ces mouvements seraient de toutes façons trop lents pour produire un son perceptible à l'oreille, mais ils auraient pour effet de réduire la sensibilité du téléphone. D'autre part les

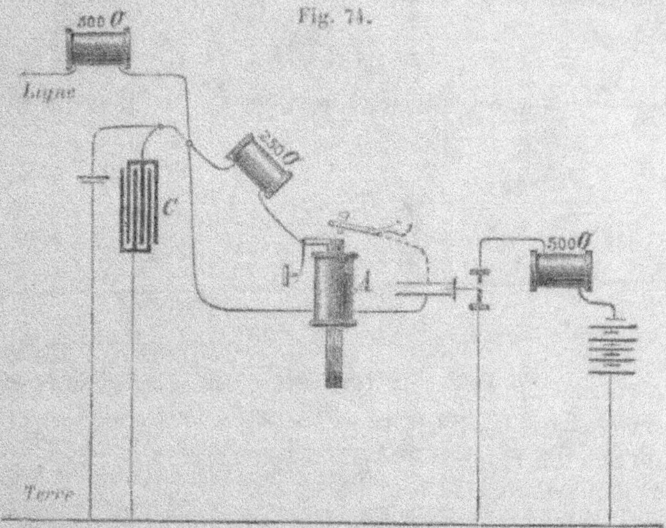

Fig. 74.

courants télégraphiques feraient jouer les appareils d'appel. Les plaques des annonciateurs tomberaient et les sonneries polarisées sonneraient un coup pour chaque abaissement de la clef. Il ne faudrait pas songer à employer des sonneries ordinaires. Pour éviter tous ces inconvénients. on place le téléphone sur un circuit dérivé, relié à la ligne par l'intermédiaire d'un *dérivateur* qui se compose d'un condensateur et d'un graduateur. La figure 75 montre le

schéma de ce montage. C'est le condensateur C, d'une
capacité de 2 microfarads, qui relie le téléphone à la ligne.
Cet appareil ne laisse pas passer les courants télégraphiques ;
d'autre part, les charges et les décharges qui résultent du
passage de ces courants n'exercent aucune influence sur le
téléphone, car les courants sont déjà gradués et la charge
est relativement lente. Les courants téléphoniques venant
de la ligne arrivent presque intégralement à l'une des
armatures du condensateur et produisent dans l'armature

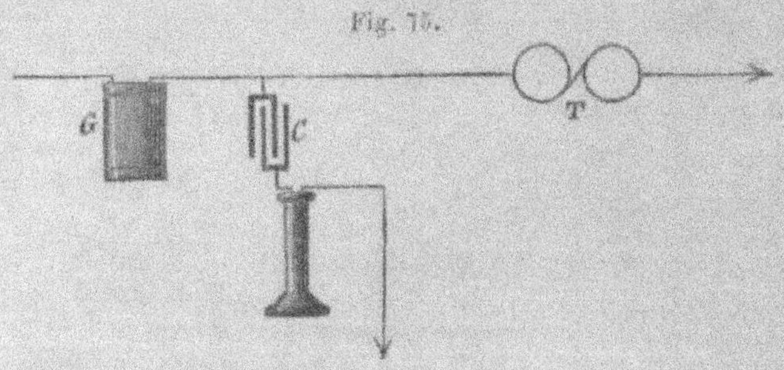

Fig. 75.

opposée des courants de charge et de décharge qui
traversent le téléphone et se rendent à la terre. Une partie
du courant téléphonique suit naturellement la ligne télégraphique. Pour réduire autant que possible cette fraction
perdue on place devant le condensateur un graduateur G
qui refoule le courant téléphonique dans le condensateur.
C'est sur cette propriété très curieuse que présentent les
courants ondulatoires de se laisser facilement *refouler* dans
les condensateurs qu'est basée toute la valeur pratique du
système van Rysselberghe.

On a cherché à trouver une analogie entre ces phénomènes et d'autres qui nous sont plus familiers. Une
comparaison très heureuse a été empruntée à la circulation
de l'eau sous pression dans les tuyaux. Imaginons en effet

qu'au point où se fait un branchement sur la conduite d'eau principale, en *m* par exemple (fig. 76), on ait disposé une membrane qui ne laisse pas passer l'eau. Si l'on imprime à l'eau qui circule dans le tube principal, un mouvement pulsatoire au moyen d'une succession rapide de coups de piston, il est évident que ces vibrations traverseront la membrane pour se transmettre à la colonne d'eau qui

Fig. 76.

remplit le tube latéral et qui en temps normal est immobile. L'action du condensateur dans le cas qui nous occupe est tout à fait analogue. Il barre également le passage au fluide électrique et laisse néanmoins les vibrations se transmettre ou plutôt permet à celles-ci de se reproduire sur la surface opposée de la couche isolante qui ici joue le rôle de la membrane.

On ne peut employer pour les communications téléphoniques qu'un seul des fils placés sur le même support à cause de l'induction mutuelle des fils. Veut-on avoir plusieurs lignes téléphoniques sur le même support ? Il faut alors recourir au système des circuits fermés. A chacun des fils télégraphiques est relié un *dérivateur* qui communique avec l'une des bobines d'un translateur (fig. 67 p. 128). Ce dernier appareil permet d'établir la communication avec le fil conduisant au bureau central. Par suite de ces transmissions multiples à travers les dérivateurs et les translateurs, l'affaiblissement et la déformation des ondes électriques sont inévitables. On peut néanmoins sur de courtes lignes correspondre par ce système. Le résultat paraît moins certain quand la longueur totale des lignes sur lesquelles on parle devient assez grande, quand elle atteint 100 kilomètres par exemple.

Pour éviter la déformation autant que possible il faut évidemment mettre hors circuit tous les appareils qui sont inutiles. On a cherché à supprimer l'influence nuisible des bureaux télégraphiques avec tous leurs appareils, condensateurs, graduateurs, en employant des *connecteurs*. Le connecteur est un condensateur de un à deux microfarads de capacité qui est intercalé entre les fils aboutissant au bureau télégraphique, de telle sorte que les courants télégraphiques sont forcés de passer à travers ce bureau tandis que les courants téléphoniques traversent directement le condensateur sans entrer dans le bureau.

Il y a lieu de remarquer que l'on peut avec le condensateur obtenir des effets très différents. Lorsque les courants téléphoniques sont obligés de traverser le condensateur et que, par suite, ce dernier fait partie de la ligne, il n'exerce aucune influence fâcheuse ; plus il est grand et mieux cela vaut. Les connecteurs ont une capacité de un à deux microfarads et il a été établi que cette capacité était parfaitement suffisante pour que la transmission du courant téléphonique fût instantanée ; au point de vue de la transmission, c'est une résistance nulle. Pour qu'il en soit ainsi, il suffit en effet que la capacité du condensateur soit telle qu'il puisse intégralement emmagasiner à chaque instant la quantité d'électricité qui afflue. Lorsqu'il s'agit des courants téléphoniques on obtient déjà ce résultat avec une capacité de $1/10$ de microfarad.

Il n'en est plus du tout ainsi, lorsque la ligne elle-même forme l'une des armatures du condensateur, l'autre armature étant complètement isolée de la ligne. Une certaine fraction du courant est alors toujours employée à charger le condensateur ; ces charges et ces décharges alternatives ont pour conséquence la déformation des ondes électriques que l'on observe dans les câbles.

Nous aurons occasion de décrire dans un prochain chapitre, l'installation complète d'un bureau télégraphique suivant le système van Rysselberghe.

M. Maiche est également l'auteur d'un système de télégraphie et de téléphonie simultanées sur les mêmes fils. Dans le système de M. Maiche, il faut deux lignes simples

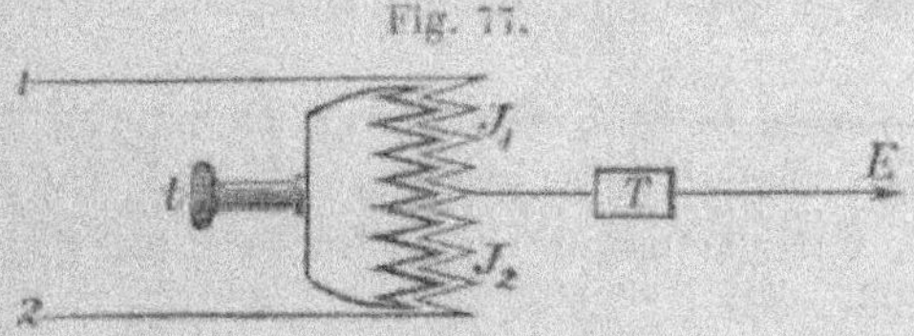

Fig. 77.

pour former un circuit sur lequel on peut télégraphier et téléphoner en même temps. M. van Rysselberghe avec deux fils simples, fait trois lignes, deux lignes télégraphiques et une téléphonique ; on voit donc qu'à ce point de vue son système est plus avantageux. Par contre, le procédé de M. Maiche ne comporte aucun appareil spécial. Il suffit de mettre à chaque extrémité de la ligne, une bobine d'induction composée de trois circuits différents. Le premier circuit, le circuit primaire, est relié avec le téléphone t (fig. 77). Les deux autres circuits J^1 et J^2, de longueur égale, sont enroulés en sens inverse autour de la bobine et placés à la suite des fils de ligne 1 et 2. Les extrémités libres de ces circuits sont soudées ensemble et à un fil qui traverse les appareils télégraphiques T et se rend à la terre. Il résulte de ce dispositif que les courants télégraphiques se partagent en deux parties égales et traversent les deux fils de ligne dans le même sens, pour se réunir au poste extrême, avant de passer par l'appareil récepteur et de là se rendre à la terre. Comme les fils de ligne sont enroulés en sens inverse sur la bobine, les courants télégraphiques tendent à induire dans le fil primaire, des courants de sens contraire et l'induction résultante est nulle. Par contre, lorsqu'un courant téléphonique traverse le fil primaire, il induit dans les fils de ligne des courants de sens contraire qui s'ajoutent.

M. Sylvanus Thompson a indiqué différents autres dispositifs basés sur le même principe. Pour éviter complètement l'induction on peut placer dans la bobine des noyaux en fer doux, dont la position variable constitue un moyen de réglage.

Les systèmes de MM. Maiche et Thompson, n'ont pas encore reçu d'application pratique ; Hughes est d'ailleurs le premier qui ait indiqué le principe de ces dispositions (voir p. 125).

M. Elsasser, s'inspirant du schéma indiqué par M. Maiche (fig. 72), a imaginé de remplacer les appareils télégraphiques par des téléphones V_1, V_2 et d'obtenir ainsi, avec deux fils simples, deux lignes téléphoniques sans induction. La figure 78 montre le schéma de ce dispositif, dont l'efficacité ne paraît pas encore prouvée.

L'expérience a montré que les divers systèmes imaginés jusqu'à ce jour pour rendre plus facile la téléphonie à grande distance, n'ont qu'une valeur très contestable. Le véritable moyen à employer consiste à placer sur des supports spéciaux, un fil de cuivre d'au moins deux millimètres de diamètre. On ne se hasarde pas beaucoup, en affirmant qu'actuellement c'est le seul système de ligne qui donne des résultats tout à fait satisfaisants.

Pour ce qui est de la distance maxima à laquelle il est possible de téléphoner, celle-ci dépend moins de la construction des appareils, que de la qualité des lignes. Les expériences faites il y a deux ans, entre New-York et Chicago (distance de 1800 kilomètres environ) avec des transmetteurs duplex Edison, expériences qui ont parfaitement réussi, montrent jusqu'à quelle distance on peut aller avec de bons appareils. Malheureusement on ne saurait songer à établir un service régulier sur d'aussi longues lignes, car les bruits

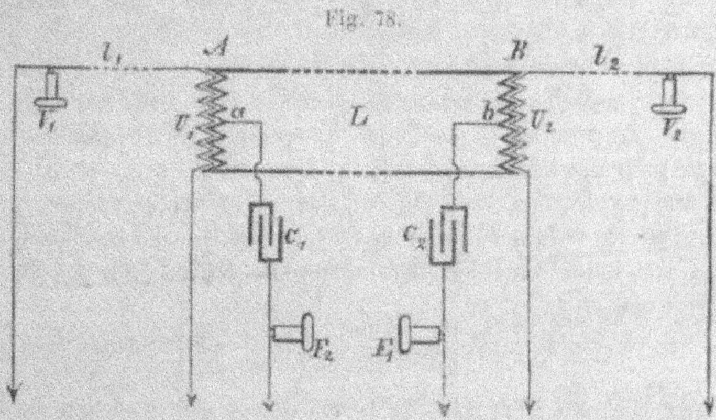

Fig. 78.

produits par les courants telluriques (voir p. 104), sont tellement considérables, que ce n'est que tout à fait exceptionnellement dans des conditions atmosphériques excellentes, que la conversation est possible. On diminue considérablement ces perturbations par l'emploi de circuits métalliques fermés. C'est ainsi que l'on a pu établir entre Boston et Chicago (600 kilomètres) un service régulier. Il faut dire que les postes téléphoniques sont directement intercalés dans le circuit, l'emploi des translateurs (p. 128), étant impossible pour de si longues distances. On a projeté également d'établir, d'après le même système, 72 lignes et par conséquent 36 circuits fermés, entre New-York et Philadelphie (200 kilomètres) ; la moitié seulement de ces lignes est actuellement posée.

Les abonnés des réseaux téléphoniques ne peuvent d'ailleurs se servir tous de ces lignes ; ceux qui veulent profiter de cet avantage, doivent d'abord faire remplacer leur ligne simple par une ligne double, c'est-à-dire payer un abonnement plus élevé. Les lignes interurbaines sont du reste toutes reliées à des cabines téléphoniques publiques.

Si l'on emploie pour de longues distances des fils de fer, on a non seulement l'inconvénient des bruits de friture, mais encore celui de la déformation. La déformation augmente avec la capacité et avec le coefficient de self-induction de la ligne. Le premier de ces facteurs ne cesse d'être négligeable que pour des lignes extrêmement longues. La capacité kilométrique n'est, en effet, que de 0,001 microfarad ; par contre, l'influence de la self-induction est très sensible. Le coefficient de self-induction est déterminé par l'équation (voir p. 123)

$$P = 2L \left[\log_e \frac{2L}{R} - 0,75 + \pi k \right]$$

dans laquelle k représente la constante d'aimantation du fer employé. Comme cette constante a une valeur très élevée pour le fer et une valeur infiniment petite pour le cuivre, il en résulte que, sur des lignes en fil de fer de 500 kilomètres, les communications téléphoniques deviennent déjà extrêmement pénibles, tandis qu'elles sont encore relativement faciles sur des lignes en fil de cuivre de plusieurs milliers de kilomètres de longueur. Si l'on emploie des microphones puissants sur de longues lignes en fil de fer, on remarque que les consonnes cessent d'être reproduites les unes après les autres, à mesure que la longueur de la ligne augmente ; finalement les voyelles seules sont reproduites. Une longueur de 150 kilomètres paraît être la limite extrême pour laquelle toutes les consonnes sont transmises dans des conditions favorables. Bien que sur des lignes bien isolées, toutes les voyelles soient encore reproduites, même à une distance de 500 kilomètres, on ne peut plus rien comprendre à la conversation, puisque les consonnes manquent. Il faut donc employer du cuivre dès qu'on veut faire de longues lignes téléphoniques.

Si les contacts et la membrane microphoniques ne sont pas assez sensibles pour reproduire les vibrations les plus petites, comme celles qui caractérisent les consonnes, il est évident que celles-ci cessent d'être transmises bien plus tôt. Les sifflantes (s, z, c, etc.) sont, parmi les consonnes. celles qui se transmettent le plus difficilement.

III. — LES BUREAUX CENTRAUX

Dans les grands réseaux téléphoniques, l'organisation des bureaux centraux a une importance capitale. Tout le succès de l'entreprise dépend du plus ou moins bon fonctionnement de ces bureaux. C'est d'ailleurs une partie de la question où le dernier mot ne semble pas encore avoir été dit. Aussi serait-il peu judicieux de faire dans ce chapitre ce que nous avons fait dans les précédents, c'est-à-dire de ne mentionner que les systèmes qui ont subi l'épreuve d'une longue pratique. C'est une opinion très générale que la forme définitive des bureaux centraux n'a pas encore été trouvée; les installations actuelles ne doivent être considérées que comme provisoires et l'on arrivera, dans un temps plus ou moins long, à des dispositifs meilleurs et plus parfaits. Si les progrès réalisés dans l'organisation des bureaux centraux ont été relativement lents, cela tient surtout à ce que les conditions auxquelles doivent satisfaire ces bureaux varient toujours et deviennent de plus en plus difficiles à remplir à mesure qu'augmente le nombre des fils desservis par un même bureau. C'est ainsi qu'une installation qui donne d'excellents résultats pour cinquante ou cent abonnés n'est plus possible quand il s'agit de cinq cent à mille abonnés. Si l'on organise le bureau en vue de ce dernier nombre d'abonnés, on se trouve de nouveau dans l'embarras quand le nombre des abonnés dépasse ce chiffre. On voit donc que le problème renaît sans cesse, à mesure que le réseau téléphonique prend de l'extension.

A l'origine, on a cherché à tourner cette difficulté en substituant à un bureau central unique destiné à desservir un cercle d'un très grand rayon, plusieurs bureaux moins importants. C'est ce qui a été fait à Paris et à Berlin. Bien que ces villes aient plusieurs milliers d'abonnés, le nombre des lignes reliées à un même bureau central est toujours compris entre cinq cent et mille. L'expérience a montré que ce système n'était pas sans inconvénients.

A Paris, on avait surtout en vue de réduire la longueur des lignes dont le coût est très élevé. Mais si l'on diminue les frais de premier établissement, on augmente les frais d'exploitation et l'on perd d'un côté ce qu'on gagne de l'autre.

Tant qu'il est matériellement possible de relier à un seul bureau central tous les abonnés du réseau, c'est la solution de beaucoup la plus avantageuse. Supposons, en effet, qu'un réseau ait deux bureaux centraux qui prennent chacun la moitié environ du nombre total des abonnés. On peut admettre que le tiers des communications met les deux bureaux en jeu. Mais chacune de ces communications nécessite trois fois plus de personnel et de temps que l'établissement d'une communication directe. Dans ce dernier cas, il suffit, en effet, de relier simplement l'abonné qui appelle à celui qui est appelé. Dans l'autre cas, au contraire, le premier bureau commence par appeler le deuxième bureau. L'employé du deuxième bureau doit répondre tout d'abord à l'appel, puis être informé de la communication demandée, et ce n'est qu'en troisième lieu qu'il donne cette communication. Le tiers des communications communes aux deux bureaux prend donc, en réalité, autant de temps et autant de personnel qu'en prendrait le nombre total des communications, si celles-ci étaient faites par l'entremise d'un seul bureau. Sans compter que le service serait, dans ce dernier cas, plus sûr et plus agréable pour les abonnés, à cause de la plus grande rapidité des communications.

Le seul avantage que présentait l'emploi de plusieurs bureaux centraux a disparu depuis que l'on se sert de câbles en téléphonie; il était en effet fort difficile de faire entrer dans un bureau un nombre considérable de lignes aériennes. En même temps qu'a été levée cette difficulté, a cessé d'exister tout motif sérieux d'employer plusieurs bureaux centraux : un bureau central unique est la seule solution logique. La décentralisation est contraire à l'idée fondamentale de la téléphonie qui est de permettre à chacun de communiquer *directement* et le plus rapidement possible avec un grand nombre de personnes. Il faut que toutes les communications se fassent en un même point. On peut se demander jusqu'où l'extension des bureaux centraux peut aller et s'il n'y a pas une limite pour laquelle les bureaux uniques perdent leurs avantages. Il existe actuellement en Amérique des bureaux qui desservent cinq mille abonnés. Baltimore a un bureau central de quatre mille neuf cents abonnés; Boston en a un de quatre mille deux cents; à Pittsbourg, Louisville, Philadelphie, le nombre des fils est de quatre mille. Il est hors de doute que ces bureaux centraux fonctionneront encore bien avec dix mille abonnés. D'une façon générale, il faut, lorsqu'on projette l'établissement d'un réseau téléphonique, partir de ce principe que la décentralisation est une mauvaise chose et que le nombre des bureaux doit être aussi restreint que possible.

Voici comment il nous paraît logique de procéder dans l'étude d'un projet de réseau téléphonique. On commencera par déterminer l'emplacement du bureau central. Pour diminuer autant que possible la longueur des lignes, il faudra placer ce bureau sensiblement au centre du réseau et dans le quartier de la ville où l'on espère trouver le plus d'abonnés. Dans des cas spéciaux, d'autres considérations peuvent entrer en jeu. Mais il ne faut pas oublier que la situation centrale du bureau facilite dans une très grande mesure l'établissement du réseau. Si le réseau est aérien, cette dernière considération a une importance capitale.

L'emplacement du bureau central une fois choisi, il faut déterminer la direction des grandes artères du réseau. Quand les lignes doivent être posées au-dessus du sol, il est bon de donner à ces artères des directions aussi rectilignes que possible en les disposant suivant les rayons d'un cercle dont le bureau serait le centre. Ceci est avantageux à deux points de vue; on évite tout d'abord le croisement des lignes et des fils, c'est-à-dire une cause d'accidents de toute nature, on se réserve ensuite toute facilité pour introduire dans le bureau central une nouvelle ligne en cas d'extension du réseau. Le développement ultérieur du réseau est d'ailleurs une considération capitale que l'on ne doit jamais perdre de vue dans l'étude du projet.

Différentes conditions interviennent dans le choix des supports. La place des supports est déjà déterminée dans une certaine mesure par la direction des lignes principales. Il faut que les supports soient d'un abord commode ; il faut de plus que la prise des branchements, artères secondaires du réseau, et la pose des lignes qui vont chez les abonnés soient aussi faciles que possible. Les combles doivent avoir la forme et la résistance nécessaires pour la pose des chevalets. Il est très avantageux enfin d'espacer également les supports en les plaçant à une distance de 100 mètres environ les uns des autres. On aura certainement beaucoup de peine à trouver un nombre suffisant de supports qui satisfassent à toutes ces conditions et surtout à obtenir de tous les propriétaires l'autorisation nécessaire. Il faut alors faire certaines concessions aux nécessités pratiques; le problème devient assez délicat et ne peut être avantageusement résolu que par un homme très familiarisé avec ce genre d'industrie.

Quand il s'agit de l'établissement d'un réseau dans une grande ville, l'emploi des lignes souterraines est tout indiqué. Mais, en général, on ne peut songer à employer exclusivement des câbles et cela pour plusieurs raisons.

1° La pose des câbles n'est avantageuse, au point de vue économique, que tant qu'il s'agit d'un grand nombre de lignes.

2° Le raccord souterrain des câbles avec les lignes qui se rendent chez les abonnés augmente tellement les frais de premier établissement que le prix de l'abonnement doit s'en ressentir. Il faut aussi tenir compte de la difficulté beaucoup plus grande que présente le déplacement des postes d'abonnés.

3° Les câbles de grande longueur nuisent à la transmission téléphonique.

Dans l'établissement d'un grand réseau téléphonique, il sera avantageux d'employer des câbles pour les artères principales qui se composent d'une centaine de fils et même plus, et dont la longueur n'est en général que de quelques kilomètres. Les câbles aboutissent à de grands chevalets d'où rayonnent les artères secondaires du réseau et les

lignes des abonnés. Il y a tout avantage à placer les câbles
dans les égouts, quand cela est possible, car on diminue
ainsi les frais de pose et l'entretien devient plus facile.
Mais, même dans ce cas, il faut avoir soin de protéger les
câbles contre les actions mécaniques, aussi bien que contre
les émanations gazeuses qui peuvent attaquer l'enveloppe
isolante.

En combinant l'emploi des câbles avec celui des lignes
aériennes, on tire judicieusement profit des avantages
inhérents à chaque système; les lignes aériennes permettent
de relier de la façon la plus simple et la plus économique les
postes des abonnés au réseau général; les câbles offrent
une grande sécurité sans gêner la vue et nuire au
caractère esthétique que peuvent présenter certaines
parties de la ville. On s'assure l'avantage d'un bureau
central unique et en même temps celui de la décentralisation du réseau, lequel se compose d'un grand nombre
de centres, d'où rayonnent des lignes aériennes et qui sont
eux-mêmes reliés au bureau central par des lignes
souterraines. Les progrès réalisés dans la fabrication et la
pose des lignes tendent à faciliter de plus en plus l'emploi
des câbles. Mais en l'état actuel la solution la plus avantageuse réside évidemment dans une combinaison judicieuse
des deux systèmes : celui des câbles et celui des lignes
aériennes.

L'installation d'un bureau central comprend deux parties
distinctes : *l'entrée des fils* et la disposition des *appareils*
permettant de relier l'un à l'autre deux quelconques des
fils qui aboutissent au bureau central.

a) **Entrée des fils**.

Le mode d'introduction des fils dans le bureau central varie évidemment, suivant qu'il s'agit de câbles ou de lignes aériennes. Lorsqu'on a affaire à des câbles, l'introduction des fils est une chose relativement simple. Les câbles sont conduits jusqu'à un tableau de connexion pourvu d'une série de pièces de contacts ; à ce même tableau aboutissent d'autre part les fils qui desservent les appareils du bureau. Ce jeu de contacts peut être combiné d'un grand nombre de façons. Il est bon de munir chaque pièce de contact d'un parafoudre et d'adopter un dispositif qui permette de changer facilement les fils de place. La figure 79 montre une sorte d'armoire servant à l'entrée d'un câble de 50 conducteurs. Le câble monte verticalement au milieu de la boîte ; chaque âme est reliée à un isolateur en porcelaine ; les fils qui desservent les appareils du bureau aboutissent également à des isolateurs en porcelaine placés en regard des premiers. Entre deux isolateurs qui se font face on intercale un fil de platine très fin qui établit la communication et protège en même temps les appareils du bureau contre de fortes décharges électriques.

A Paris, on emploie un dispositif également commode connu sous le nom de *rosaces*. Les rosaces sont formées par une paroi en bois percée d'une ouverture de 2 mètres de diamètre environ. Tout autour de ce cercle est fixée une série de lames de contacts, une centaine environ. Chaque lame porte deux bornes, dont l'une est reliée à l'âme du câble, c'est-à-dire à la ligne, et l'autre au fil d'un appareil du bureau.

Pour les lignes aériennes, il faut construire au-dessus du bureau central un chevalet central d'où rayonnent tous les fils du réseau. Il faut, avant tout, déterminer les dimensions de ce chevalet et c'est là qu'il est important de tenir compte du développement éventuel du réseau.

L'expérience a montré que, d'une façon générale, les réseaux des petites villes se développaient moins que ceux

Fig. 79.

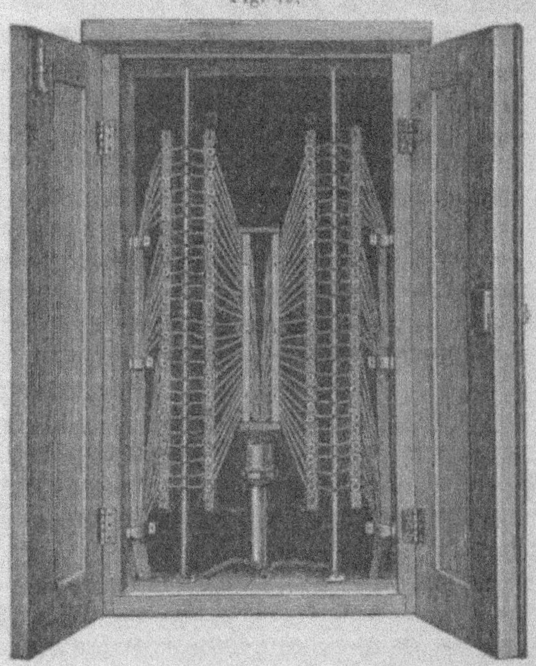

des grandes villes. Il suffit, pour les petites villes, de prévoir dans le projet un nombre d'abonnés de quatre à six fois plus grand que celui que l'on possède déjà. Mais, pour les grandes villes, on est dans l'incertitude la plus complète. Abstraction faite de ce que le téléphone a une utilité beaucoup plus grande dans une grande ville que dans une petite ville, les grandes villes sont elles-mêmes susceptibles d'un développement très rapide.

On peut cependant admettre, en se basant sur l'expérience, que dans une ville où le mouvement commercial a une assez grande importance, l'extension d'un réseau téléphonique n'atteint sa limite que lorsqu'on compte un abonné par cinquante ou par cent habitants.

La construction du chevalet central dépend du nombre de lignes que l'on prévoit dans le réseau. Lorsque l'on n'a qu'un ligne nombre de fils à faire entrer dans le bureau, 50 à 100 fils par exemple, on peut s'éviter les frais d'un chevalet spécial. Si le toit est très élevé on y perce un certain nombre d'ouvertures, ou on utilise celles déjà existantes en disposant devant ces ouvertures des traverses garnies d'isolateurs absolument comme on fait pour les chevalets ordinaires. Dans des conditions favorables cette construction extrêmement simple peut devenir suffisante même pour un assez grand réseau. Quand le toit est très élevé et très grand, ce système permet l'entrée de mille fils environ et le chevalet central est en somme constitué par le toit entier. Il est rare toutefois que l'on ait assez de place pour procéder ainsi et l'on est la plupart du temps obligé d'employer un chevalet spécial. Dans des réseaux de petite importance on surmonte le toit d'une sorte de tour dont la section est carrée, hexagonale ou octogonale suivant le cas. Les isolateurs peuvent être fixés directement sur les faces latérales ainsi que le montre la figure 80, qui représente l'entrée des fils dans un bureau central de Berlin. On ménage plus généralement des fenêtres dans les parois latérales et l'on place devant ces fenêtres des traverses destinées à recevoir les isolateurs et les fils.

Dès qu'on a affaire à un très grand nombre de fils, cinq cents ou davantage, il faudrait ou faire les faces latérales de la tour énormes, ou placer les isolateurs très près les uns des

autres, solutions qui ont toutes deux leurs inconvénients.
On enveloppe alors la tour d'une cage métallique analogue,

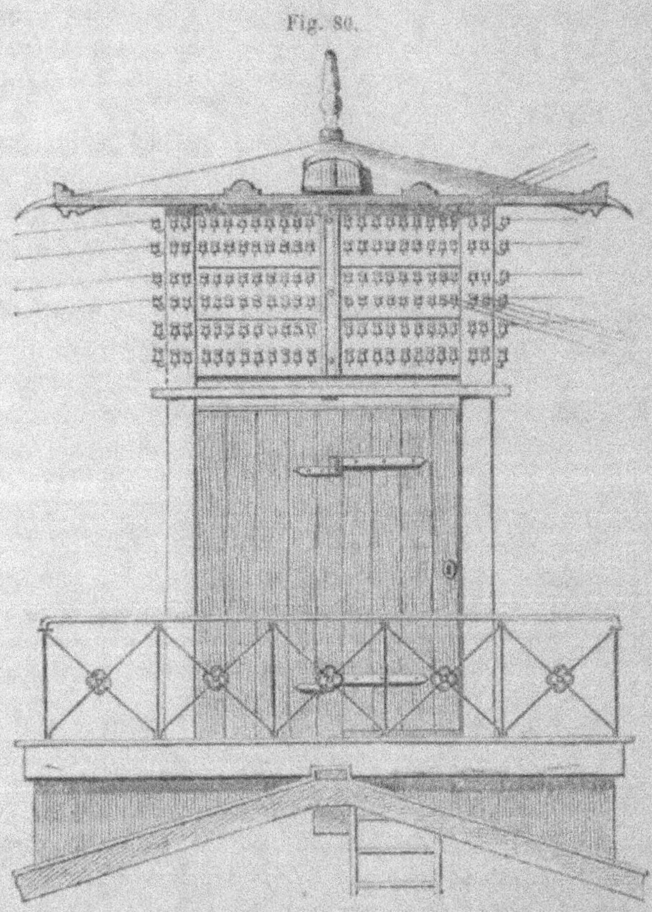

Fig. 86.

comme construction, aux chevalets ordinaires mais beaucoup plus grande. On s'attache, en tenant compte de la
forme du toit et du nombre des fils qui arrivent de chaque

Fig. 81.

côté, à donner à cette cage une forme régulière, celle d'un octogone par exemple. Si le nombre total des fils qui doivent entrer dans le bureau est de deux mille, chaque face recevrait, dans le cas d'un octogone, deux cent cinquante fils. Pour les chevalets centraux on rapproche généralement les isolateurs jusqu'à 20 et même 10 centimètres. En supposant dix traverses supportant vingt-cinq fils chacune, il faudrait que chaque traverse eût de $2^m,5$ à 5 mètres de longueur et le chevalet entier aurait 5 mètres de hauteur environ.

La résistance mécanique du chevalet central se calcule de la même façon que celle des chevalets ordinaires. Il y a lieu d'observer dans ce calcul que chacun des côtés du chevalet central n'est soumis à une certaine traction que sur une seule de ses faces, et ceci nécessite une construction et un contreventement plus solides. La figure 81 est la vue d'un chevalet central pour cinq cents fils, construit à Zurich.

Des isolateurs du chevalet partent en général des fils de cuivre isolés qui traversent un caniveau et aboutissent dans le local où sont installés les appareils.

Le raccord entre les fils de fer et de cuivre se fait en Allemagne d'après le dispositif de la figure 82. Devant l'isolateur est suspendue une cloche en caoutchouc durci. Cette cloche se compose de deux parties ; la vis à tête carrée *a* et la cloche proprement dite *b*. La vis est traversée par un fil d'acier noyé dans du soufre. L'extrémité supérieure de ce fil est enroulée autour du fil de fer et soudée à ce dernier ; l'extrémité inférieure est reliée au fil de cuivre. Lorsque le système est monté, l'enveloppe isolante du fil de cuivre pénètre dans la cloche jusqu'à mi-hauteur, de telle sorte que la partie supérieure de l'âme reste toujours sèche et qu'on n'a pas de dérivation du courant à craindre même par un temps humide. Ce dispositif est certainement très bon, mais au point de vue pratique il n'est pas tout à fait

assez simple. En général on se contente d'une bonne
soudure. A son entrée dans le bureau chaque fil traverse
un parafoudre ; nous avons décrit
(fig. 41) un des systèmes de parafoudres usités dans ce cas. Pour relier
les bornes des parafoudres aux appareils du bureau on peut avantageusement employer des câbles sans
induction de 5, 25 ou 50 conducteurs.
Lorsque le local du bureau se trouve
au-dessous et tout près du chevalet
central, il est préférable d'employer
des conducteurs simples dont l'abord
et la surveillance doivent naturellement être aussi faciles que possible.
Les détails de ces installations peuvent
d'ailleurs varier à l'infini et dépendent
des conditions locales.

Fig. 82.

b) Les appareils.

Les appareils du bureau central sont de deux espèces :
les annonciateurs et les commutateurs. Ce n'est qu'exceptionnellement, dans les bureaux de première importance,
qu'on a encore besoin d'autres appareils d'un usage spécial.
Les annonciateurs sont destinés à appeler l'attention de
l'employé placé au bureau central lorsqu'un abonné
demande une communication. Le rôle du commutateur
est de permettre à l'employé d'établir, d'une façon aussi
simple et aussi rapide que possible, la communication entre
deux quelconques des lignes qui aboutissent au bureau.

Les annonciateurs.

Un annonciateur consiste ordinairement en un électro-aimant qui agit sur une armature mobile autour d'un axe. Cette armature maintient enclanchée en temps normal une petite plaque qui se trouve déclanchée et tombe quand l'armature est attirée. Chaque ligne d'abonné passe dans le bureau central à travers l'un de ces électro-aimants. Dès qu'un courant traverse l'électro-aimant, le déclic s'opère ainsi que nous venons de dire et la plaque de l'annonciateur tombe. Ceci avertit l'employé du bureau central que pour une raison ou pour une autre l'abonné dont l'annonciateur a fonctionné désire lui faire une communication. Pour que l'armature puisse opérer ce déclic il faut qu'elle soit soumise à l'action de deux forces, l'attraction électro-magnétique d'une part et d'autre part une force qui ramène automatiquement l'armature à la position du repos quand le courant a cessé de passer et la maintienne dans cette position jusqu'à ce qu'une nouvelle émission de courant anime l'électro-aimant. Cette action antagoniste peut être obtenue de différentes façons et ceci permet de classer les annonciateurs en plusieurs groupes.

On utilise fréquemment, pour produire l'effort antagoniste, l'élasticité d'un mince ressort à boudin en maillechort. L'armature forme un levier à deux bras ; l'attraction électro-magnétique agit sur l'un des bras, le ressort à boudin sur l'autre bras. Si l'on a soin de donner au ressort un assez grand nombre de spires et de prendre du métal de très bonne qualité, on peut régler avec une précision très grande la tension du ressort en le bandant plus ou moins, et obtenir pour l'armature une sensibilité plus ou moins grande, de telle façon que l'annonciateur fonctionne pour les intensités de courant les plus diverses. Mais si la

construction n'est pas excellente et que le métal ne soit pas
très pur, l'élasticité du ressort varie entre d'assez larges
limites avec la température, et l'on est obligé de régler très
fréquemment la tension pour conserver à l'armature une
sensibilité constante.

Fig. 83.

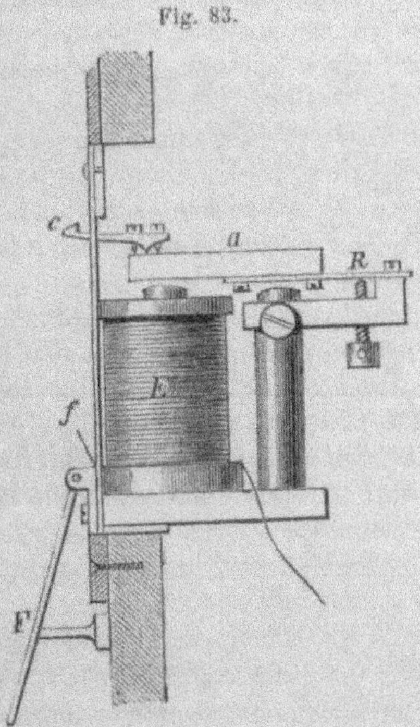

Les annonciateurs dans lesquels on emploie au lieu d'un
ressort à boudin, un ressort plat, sont moins sensibles à ces
variations accidentelles. La figure 83, montre un modèle de
ce genre, qui a été adopté, entre autres, par l'administration des télégraphes ; ce type, un peu modifié, est également employé dans le réseau téléphonique de Paris. E est
l'électro-aimant, a l'armature. Celle-ci est terminée à sa

partie antérieure par un crochet *c*, destiné à maintenir au repos la plaque *F*. A son extrémité opposée, l'armature porte un ressort plat qui bute en *R* contre une pointe et tend par suite à éloigner constamment l'armature de la pièce polaire qui lui fait face. La pointe *R* peut être élevée ou abaissée, ce qui permet de régler la tension du ressort et, par suite, la sensibilité de l'armature. La tension du ressort fait appuyer le crochet *c* contre la plaque *F* et maintient celle-ci en place. A l'état de repos, la plaque *F* est légèrement inclinée en avant, aussi dès qu'un courant passe et que le crochet *c* cesse de la retenir, tombe-t-elle en avant sous l'action de son poids et du ressort *f*, qui tend également à la faire tourner autour de la charnière sur laquelle elle est montée. La plaque *F* découvre en tombant, gravé sur une de ses faces, le numéro d'ordre de l'abonné qui appelle.

Dans les réseaux téléphoniques où toutes les lignes, les plus longues comme les plus courtes, peuvent se trouver reliées ensemble, un réglage qui serait destiné à adapter la sensibilité de l'appareil à la longueur de la ligne, comme cela se fait en télégraphie, n'aurait aucun sens. En téléphonie, le réglage n'a d'autre but que de rendre la sensibilité des appareils aussi grande que possible, mais pas assez grande toutefois pour qu'ils fonctionnent sous l'influence des courants telluriques ou des courants induits. Il s'agit en somme de donner aux annonciateurs une *certaine* sensibilité, déterminée à l'avance, et de faire en sorte que cette sensibilité demeure ensuite invariable.

Le problème ainsi posé, l'emploi de la pesanteur semble tout indiqué. La pesanteur est constante en un lieu déterminé ; elle permet d'obtenir les efforts les plus variables en réglant convenablement le poids des corps que l'on emploie. La figure 84 représente un annonciateur construit sur ce principe. Dans cette figure, *e* est l'électro-aimant, *l* l'armature mobile autour d'un axe horizontal et munie d'une projection *b*, qui se termine par un crochet. Le poids de la pièce *b* tend à écarter l'armature de la pièce polaire qui lui fait face. Si cette pièce est lourde, l'effort antagoniste est considérable et la sensibilité de l'appareil petite. Si l'on diminue le poids de la projection *b*, on augmente, dans le même rapport, la sensibilité de l'appareil. Tous les appareils de construction identique auront la même sensibilité.

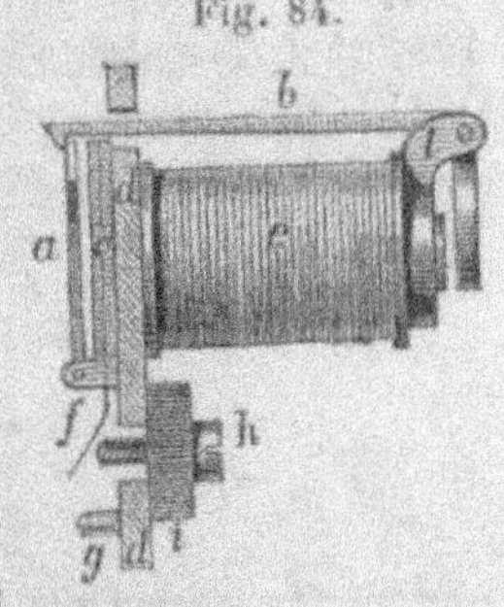
Fig. 84.

On admet bien entendu que le poids de l'armature est parfaitement équilibré; s'il en était autrement, le poids de l'armature influerait également sur la sensibilité. Le jeu de l'appareil est, d'ailleurs, tout à fait identique au précédent, et il est inutile d'y revenir. Cet annonciateur se distingue par une construction simple et par une sensibilité constante, déterminée à l'avance. Il ne nécessite aucun réglage et ne donne, par suite, lieu à aucun des accidents assez fréquents, auxquels des erreurs de réglage exposent les autres annonciateurs.

M. Sieur a imaginé un annonciateur basé sur le même principe. Cet appareil est schématiquement représenté sur la figure 85; ce qui le caractérise, c'est la forme particulière de l'armature, qui permet d'utiliser les deux pôles de l'électro-aimant. Ce type d'annonciateur est employé dans les réseaux téléphoniques français.

Les annonciateurs sont, en général, construits de telle façon que la plaque en tombant ferme un circuit local, renfermant une sonnerie trembleuse; celle-ci sonne jusqu'à ce que l'employé vienne remettre la plaque dans sa position de repos. Cette disposition est destinée à augmenter la sécurité du service, aucun appel ne pouvant passer inaperçu; elle est surtout précieuse pour le service de nuit, durant lequel les appels sont moins fréquents et le nombre des employés

réduit, en sorte qu'il est impossible à ces derniers d'avoir
l'œil sur tous les annonciateurs du bureau. Lorsque la
plaque tombe, elle fait appuyer le ressort en maillechort *f*
(fig. 84), sur la tête platinée de la vis *h*. Le ressort et la
vis *h* représentent les deux extrémités d'un circuit renfermant une pile et une sonnerie ; à l'instant où la plaque
tombe, ce circuit est fermé et la sonnette fonctionne jusqu'à
ce que l'employé vienne relever la plaque et permettre au
ressort *f* de quitter la tête de la vis *h*.

Un inconvénient, qu'on rencontre de temps à autre dans
tous les systèmes d'annonciateurs, provient de ce que les

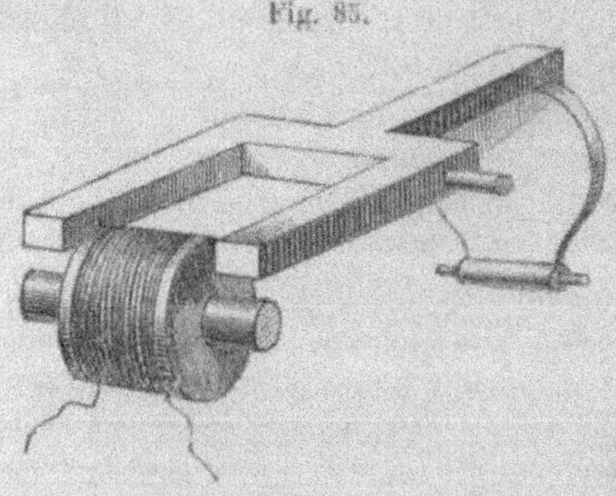

Fig. 85.

noyaux en fer doux gardent un certain magnétisme
rémanent et maintiennent l'armature collée, même lorsque
le courant a cessé de passer. Ce défaut rend un annonciateur inutilisable. Il est plus fréquent dans les annonciateurs
qui fonctionnent avec des piles, que dans ceux qui fonctionnent avec des courants alternatifs, et est d'autant plus
apparent que l'annonciateur est plus sensible. Le même
phénomène peut également être produit par de forts courants telluriques. On évite en partie les fâcheux effets du
magnétisme rémanent en ayant soin de prendre pour les

noyaux des électro-aimants, du fer aussi doux que possible.
Un noyau qui accuse trop de magnétisme rémanent, doit
être soigneusement recuit. On peut aussi faire disparaître le
magnétisme rémanent par des procédés électriques en sou-
mettant le noyau à une aimantation convenable.

Un autre point important est de bien isoler le fil de
l'électro-aimant du noyau en fer doux. L'action du courant
sur le noyau décroissant comme le cube de la distance, il
est essentiel de placer le fil aussi près que possible du noyau.
Ceci explique pourquoi on rejette souvent l'emploi des
bobines en bois, sur lequel le fil est ordinairement enroulé,
pour mettre celui-ci directement sur le noyau de fer. On
assure dans ce cas l'isolation par d'autres moyens, en
entourant par exemple le noyau de soie ou de papier paraf-
finé. Les électro-aimants sont généralement faits avec du
fil de 0,16 à 0,2 millimètre de diamètre, isolé avec de
la soie ; la résistance des bobines est de 100 ohms environ.
Il ne faut employer que du cuivre de très bonne conductibilité. La plaque doit tomber pour un courant de 0,8 milli-
ampère.

Le commutateur.

À côté des annonciateurs on trouve dans tout bureau
central un deuxième organe essentiel, qui est le commutateur ; le commutateur est destiné à permettre de relier
l'une à l'autre deux quelconques des lignes qui aboutissent
au bureau. À l'origine, on employait des commutateurs à
barres, comme ceux dont il est fait usage en télégraphie.
Ces commutateurs se composent d'un grand nombre de
lames en laiton, fixées dans deux plans parallèles et isolées
toutes les unes des autres ; les plans des lames sont placés
l'un au-dessus de l'autre, à une très faible distance, et les

lames de laiton sont disposées de telle sorte que toutes les lames d'un même plan soient parallèles entre elles et croisent à angle droit les lames de l'autre plan. Aux points de croisement on perce des trous dans l'épaisseur des deux lames qui se coupent ; ces trous sont destinés à recevoir des chevilles métalliques qui relient électriquement entre elles deux lames quelconques. Aux lames verticales viennent se souder les fils de sortie des annonciateurs, les fils d'entrée de ces mêmes appareils étant reliés aux lignes des abonnés. L'une des lames horizontales, la dernière lame par exemple, est reliée avec une bonne terre ; cette même lame reçoit également en temps normal, toutes les chevilles (position de repos). Tous les fils de lignes communiquent donc avec la terre au bureau central, en passant par les parafoudres, les annonciateurs et les lames du commutateur.

Lorsque deux abonnés quelconques, A et B par exemple, veulent communiquer ensemble, on retire les chevilles correspondant à ces abonnés de la dernière lame et on les enfonce dans une lame horizontale quelconque, sur laquelle il n'y a encore aucune cheville de placée. Le courant arrive de la ligne à travers l'annonciateur et la lame verticale A à la première cheville ; il traverse la lame horizontale au-dessous du tableau, la lame verticale B, l'annonciateur de l'abonné B et enfin la ligne qui mène au poste de cet abonné.

Pour que le service soit possible, il faut que l'employé du bureau puisse appeler les abonnés et se mettre en communication avec eux. A cet effet, on dispose au bureau un poste téléphonique complet et un générateur de courant (batterie, machine magnéto-électrique) et l'on relie ces deux appareils à deux lames horizontales spéciales du commutateur. Ces différentes connexions sont schématiquement représentées sur la figure 86.

Lorsque la cheville de l'une quelconque des lames verticales est retirée de sa position de repos a et placée sur la barre b, le téléphone du bureau est relié à l'abonné correspondant et la communication téléphonique peut s'établir. Si l'on place la cheville sur la barre d'appel c, le courant produit par le générateur du bureau actionne l'appel de l'abonné correspondant.

Fig. 86.

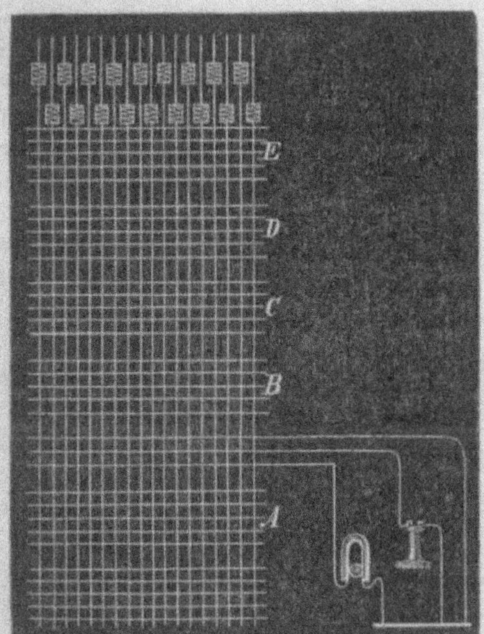

Lorsqu'un abonné A désire communiquer avec un autre abonné B, il envoie dans la ligne, au moyen de son appareil d'appel, un courant qui fait tomber au bureau la plaque de son annonciateur. L'employé doit alors se mettre en communication avec l'abonné qui appelle et à cet effet il déplace la cheville de l'abonné A de la barre a sur la barre b. Nous avons supposé que c'était l'abonné *B* qui était demandé. L'employé appelle cet abonné en mettant pendant quelques secondes la cheville de la barre *B* sur la barre d'appel *c*. Ceci fait, les deux chevilles sont placées sur une barre horizontale encore inoccupée et la conversation entre les deux abonnés peut commencer. Lorsque la conversation est terminée il faut que le bureau central en soit informé, sans quoi la communication resterait constamment établie. La conversation terminée, l'abonné *A* envoie un courant dans la ligne ; les plaques des deux annonciateurs tombent pour la seconde fois et l'employé est averti qu'il est inutile de maintenir la communication plus longtemps ; il rompt les connexions en mettant de nouveau les chevilles des abonnés *A* et *B* sur la barre *a* (position de repos).

Comme le nombre des lignes qui aboutissent à un bureau téléphonique est toujours très considérable, on a reconnu que ce type de commutateur, tel qu'il est construit pour la télégraphie, était d'un usage défectueux en téléphonie. On en a modifié la construction de différentes manières. Il faut avant tout, se préoccuper de faire ces tableaux aussi légers et aussi ramassés que possible. Il faut encore qu'ils soient d'un maniement sûr et facile et en même temps qu'ils puissent être embrassés d'un coup d'œil pour ainsi dire.

Nous allons prendre comme type de ce genre d'appareils et décrire en détail le tableau imaginé par l'électricien américain Gilliland. De tous les systèmes c'est celui qui est le plus répandu.

La figure 87 est une vue perspective du tableau Gilliland. Il se compose d'une plateforme horizontale et d'un tableau vertical. Dans chacun de ces plans est disposé un système de barres horizontales et verticales formées par des lames en laiton fortement martelées ayant 5 millimètres de largeur et 1/2 millimètre d'épaisseur. Les barres horizontales sont

recourbées en forme d'U et vissées par groupes de cinq sur
le tableau horizontal et sur le tableau vertical. La figure 88
montre l'aspect d'un tableau de ce genre. Dans les parties
rentrantes des barres horizontales est disposé le système
des barres verticales. Ces barres sont posées de champ et
maintenues en place au moyen de lattes en bois ; aux points

Fig. 87.

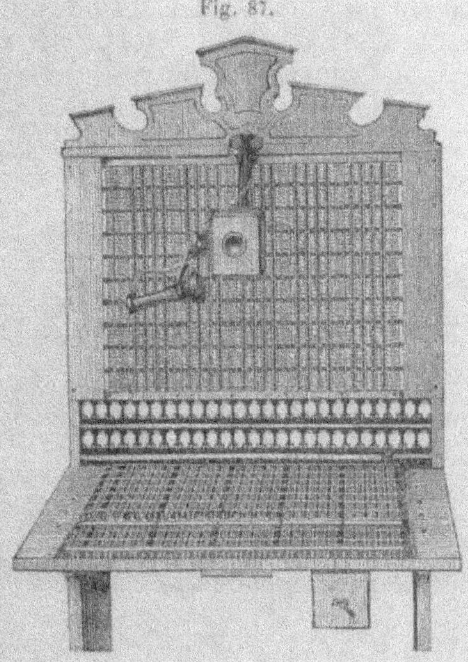

de croisement des barres horizontales et verticales se trouve
un petit jeu (fig. 89). C'est dans cet espace laissé libre que
l'on enfonce une cheville de forme particulière (fig. 89),
quand on veut établir le contact entre une barre horizontale
et une barre verticale. La cheville se compose de deux
lames métalliques formant ressort, fixées sur un bloc

d'ébonite ; une cale en caoutchouc placée entre les deux
ressorts assure encore le contact.

Fig. 88.

Fig. 89.

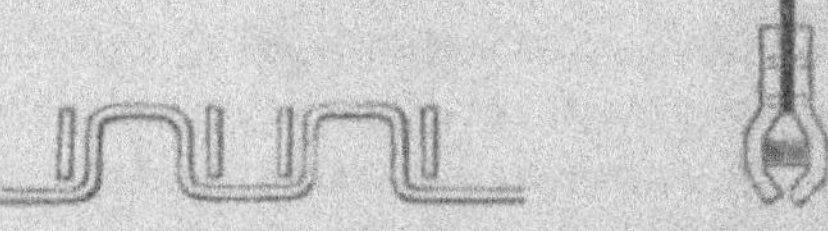

Chaque tableau dessert cinquante abonnés et contient par
conséquent sur les plateformes horizontale et verticale cin-

quante barres verticales disposées de telle façon que les
barres de l'un des deux plans soient dans le prolongement
de celles de l'autre plan. Entre ces deux systèmes de barres
sont placés les cinquante annonciateurs sur deux rangs de
vingt-cinq annonciateurs chacun (fig. 87). Les cinquante
lignes aboutissent à un nombre égal de bornes fixées sur
le bord supérieur du tableau. Les contacts sont en
général munis de parafoudres. Chaque annonciateur communique, d'une part, avec une des bornes du tableau
et, d'autre part, avec deux barres verticales placées dans le
prolongement l'une de l'autre. Pour permettre une inspection plus facile du tableau, les barres horizontales sont
divisées par groupes de cinq et forment ainsi des panneaux,
séparés par de minces lattes en bois. Sur la plateforme
inférieure se trouvent fixées les barres horizontales servant
à mettre les lignes en communication avec la terre, avec le
téléphone ou avec le générateur de courant de l'employé,
ainsi que cela est indiqué sur la figure 86.

Mais il ne suffit pas de pouvoir relier deux à deux les
lignes qui aboutissent à un même tableau, il faut que tous
les fils qui entrent dans le bureau central et qui, pris deux à
deux, appartiennent souvent à des tableaux différents, puissent être momentanément reliés. Il faut donc que les communications de tableau à tableau soient possibles. Ce
résultat s'obtient en reliant deux à deux les cinq barres
horizontales dont la réunion forme un panneau au moyen
de fils qui sont posés à demeure et vont d'un tableau à un
autre. Considérons, pour fixer les idées, le premier tableau
(fig. 86); nous trouvons d'abord, au bas de la plateforme
horizontale, deux panneaux A de cinq barres chacun; ces
barres restent isolées et servent uniquement à relier entre
eux les fils du tableau considéré. A la suite de ces panneaux
et en montant nous voyons trois barres a, b et c communiquant avec la terre, le téléphone et la batterie du bureau

central. Les panneaux qui viennent après sont destinés à permettre l'établissement des communications d'un tableau à un autre. Les cinq barres du panneau B, dans le premier tableau, sont reliées aux cinq barres d'un panneau correspondant pris dans le deuxième tableau. Pour relier l'abonné 49 avec l'abonné 51 on placera dans les deux tableaux les chevilles de ces abonnés sur l'une de ces cinq barres, la dernière par exemple. On relie de même les barreaux du panneau C dans le premier tableau avec le troisième tableau. Si l'on désigne par les lettres A, B, C, D, E, F, etc. les différents tableaux du bureau central et par ces mêmes lettres les différents panneaux de chaque tableau en ayant soin de compter ces panneaux de bas en haut comme cela est indiqué sur la fig. 86 et d'omettre à chaque fois la lettre qui désigne l'ordre du tableau, il suffira de relier deux à deux les barres des panneaux affectés des mêmes lettres. On a ainsi entre chaque tableau et tous les autres cinq lignes spéciales. Chaque tableau possède, tant sur la plateforme horizontale que sur la plateforme verticale, dix huit panneaux servant à établir les communications de tableau à tableau. On peut donc, dans un bureau central, faire le service de 950 abonnés avec 19 tableaux.

Il existe encore d'autres systèmes de commutateurs analogues qui se distinguent par une forme différente des annonciateurs, des barres de connexion et des chevilles; nous citerons entre autres le commutateur Williams assez répandu en Amérique. Ce système de commutateur a un grave défaut. Quand il s'agit d'un grand bureau central comprenant un nombre relativement considérable de tableaux, il est presque impossible à l'employé de surveiller tous les tableaux et de savoir quelles sont, au juste, sur les divers tableaux assez éloignés les uns des autres, les barres horizontales occupées et quelles sont les barres se correspondant. Il peut facilement arriver que l'on place sur la même barre plus de deux fils ou bien encore que l'on place sur deux barres tout à fait différentes deux fils que l'on veut relier. Cette dernière erreur est surtout très fâcheuse, car un fil dans ces conditions est coupé de la terre et par conséquent complètement isolé. L'abonné relié à ce fil ne peut plus appeler le bureau central et demeure en dehors du service jusqu'à ce que le hasard fasse remarquer à l'employé son erreur.

Cet inconvénient provient surtout de ce que l'employé a à sa disposition un très grand nombre de points de communications. Chaque tableau présente, en effet, $50 \times 22 = 1100$ points de croisement, c'est-à-dire bien plus que cela n'est réellement nécessaire.

On fait disparaître l'inconvénient que nous signalons ici en employant un autre système de commutateur où les connexions, au lieu d'être établies au moyen de barres et de chevilles, se font à l'aide de cordons souples. Chaque fil, après avoir traversé son annonciateur, aboutit à un contact particulier qui consiste en un trou destiné à recevoir une cheville ou une espèce de loquet. La communication entre deux fils s'établit en reliant, au moyen d'un cordon souple, les loquets correspondant à ces fils. De cette façon, au lieu d'avoir onze cents prises de contact pour un tableau de cinquante fils, on n'en a plus que cinquante. Les erreurs pouvant provenir de ce chef, sont réduites à un strict minimum. Il faut évidemment prévoir encore un certain nombre de prises de contact pour relier les tableaux entre eux; mais il suffit d'avoir à cet effet une vingtaine, ou au maximum, une cinquantaine de loquets, et le rapport des contacts mobiles n'en est pas moins de un à dix pour les deux systèmes.

Nous allons décrire ici le commutateur à guichets qui est employé dans les réseaux téléphoniques de l'empire allemand. Sur une sorte d'armoire basse, U (fig. 90), qui sert à recevoir les piles, se trouve un tableau de 1ᵐ,06 de hauteur sur 66 centimètres de largeur et 13 centimètres de

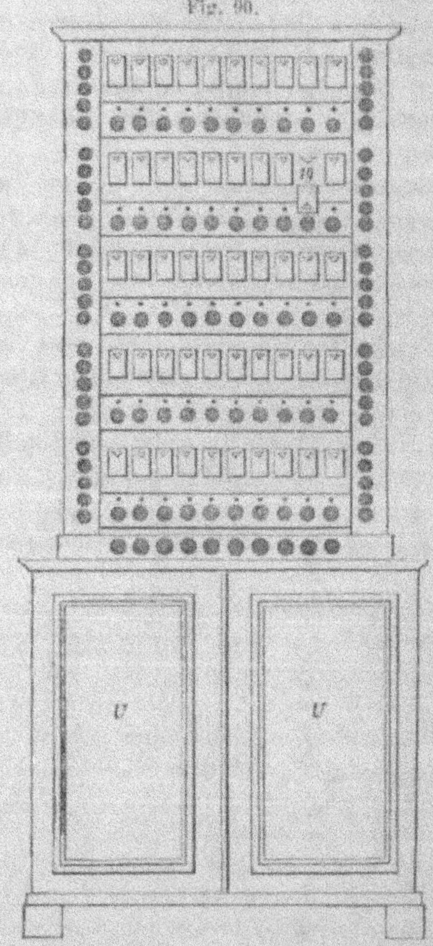

Fig. 90.

profondeur. Ce tableau est divisé en cinq compartiments séparés par des cloisons horizontales et servant à loger les électro-aimants des annonciateurs; ces appareils sont du type représenté sur la figure 83, et se règlent au moyen d'un ressort plat. Chaque compartiment reçoit dix électro-aimants et le tableau entier peut en contenir cinquante. Au-dessous de chaque annonciateur se trouve une ouverture ronde garnie d'un manchon métallique et portant le même numéro d'ordre que la plaque de l'annonciateur correspondant.

Derrière chacune de ces ouvertures, est disposée une espèce de loquet formé par une équerre en laiton *u* sur laquelle repose un ressort de contact *v* (fig. 91). L'équerre est reliée à la terre et le ressort *v* à l'électro-aimant de l'annonciateur. Chaque ligne aboutissant à l'une des bornes du tableau, traverse donc, avant de se rendre à la terre, un parafoudre, un annonciateur et un contact articulé.

La cheville qui termine le cordon souple est formée par un cylindre métallique vissé dans un manchon en ébonite. Le cordon lui-même se compose de plusieurs fils de cuivre très fins tressés ensemble et entourés d'un guipage de soie ou de coton. Dès qu'on enfonce une cheville dans l'un des trous du tableau on soulève le ressort de contact et on rompt d'une part la communication de la ligne à la terre, tandis que d'autre part on relie cette même ligne au cordon souple. Pour établir la communication entre deux abonnés A et B, l'employé n'a qu'à enfoncer l'une des chevilles qui terminent son cordon souple dans le trou marqué A et l'autre dans le trou marqué B. La ligne A traverse alors l'annonciateur et le loquet A, le cordon souple et enfin le loquet et l'annonciateur B qui est relié à la ligne B. Mais il est inutile que les deux annonciateurs A et B restent en circuit, un seul d'eux suffisant à indiquer la fin de la communication, en même temps qu'il est avantageux d'avoir le moins de bobines possible en ligne, autant pour supprimer les résistances inutiles que pour éviter les fâcheux effets du re-

tard dans la transmission des ondes électriques. Voici
comment on arrive à ne laisser qu'un seul annonciateur en
ligne. De la borne placée sur le bord supérieur du tableau,
la ligne, au lieu de se rendre directement à l'annonciateur,
traverse d'abord un premier contact articulé auquel correspond un trou disposé dans le cadre du tableau et absolument semblable à ceux qui se trouvent au-dessous des annonciateurs. La figure 91 montre le schéma des connexions
de ces deux contacts et de l'annonciateur. La ligne partant

Fig. 91.

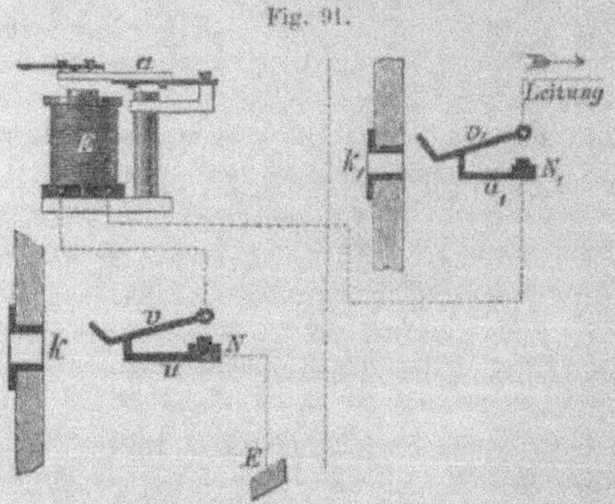

de la borne passe d'abord par le premier loquet N₁ placé
dans le cadre du tableau, traverse ensuite la bobine de l'annonciateur, le deuxième loquet N, qui se trouve au-dessous de l'annonciateur, et enfin se rend à la terre. L'annonciateur sera laissé en circuit ou mis hors circuit suivant que
l'on enfoncera la cheville dans le trou k ou dans le trou k_1,
et si l'on a soin de toujours employer le premier de ces
trous pour l'une des lignes et le deuxième pour l'autre on
n'aura jamais qu'un seul annonciateur en circuit.

Il nous reste encore à faire voir comment l'on peut relier

entre eux les différents tableaux. A la partie inférieure de chaque tableau, se trouvent dix trous de contact supplémentaires, reliés aux trous correspondants des autres tableaux. Ainsi par exemple, les deux premiers trous du tableau I sont reliés aux trous correspondants du tableau II, les deux trous suivants à ceux du tableau III, etc. Mais, ceci ne rend qu'un très petit nombre de communications possibles, aussi a-t-on eu recours à un autre moyen encore. A côté de chaque tableau est disposé un certain nombre de cordons souples de différentes couleurs, à côté du premier tableau se trouvent, par exemple, cinq cordons bleus, cinq cordons rouges, cinq jaunes et cinq blancs. Les cordons de même couleur sont reliés ensemble; les cordons bleus servent par exemple à relier le tableau I au tableau II, les cordons rouges, à relier le tableau I au tableau III, etc. Quand l'employé placé au premier tableau, veut établir une communication entre un de ses abonnés et un abonné qui appartient au deuxième tableau, entre le numéro 30 et le numéro 60 par exemple, il crie simplement « *numéro* 60, *premier bleu* » ou bien, si ce cordon est déjà pris « *numéro* 60, *deuxième bleu* ». Il va sans dire que le nombre de ces cordons augmente assez rapidement avec celui des tableaux.

Pour permettre au bureau central de communiquer avec les abonnés, il existe un trou de contact spécial, relié à un appareil téléphonique complet. Il est facile de mettre cet appareil, au moyen d'un cordon souple, en communication avec un abonné quelconque, soit pour répondre à cet abonné, soit pour l'appeler.

Les erreurs sont moins faciles avec ce système de commutateur qu'avec le précédent. La seule chose qui puisse arriver, est que l'on se trompe de trou; il suffit d'ailleurs d'un peu d'attention pour éviter cette erreur. Néanmoins le service est assez pénible, surtout quand il y a plusieurs tableaux réunis entre eux. De plus, quand sur un même tableau, un assez grand nombre de communications se trouve établi, une partie des plaques d'annonciateurs est cachée par les cordons souples et dérobée à la vue de l'employé. Les cordons se mélangent alors aisément et il est facile de prendre un bout de cordon pour un autre et de se tromper de trou.

Ces inconvénients sont en grande partie évités dans le modèle de tableau qui a été adopté en Amérique, par la *Western Electric Company* et qui est également assez répandu en Europe (Suisse, Bavière, Angleterre). Ce tableau se distingue du tableau allemand par deux traits principaux : d'abord les trous des chevilles ne sont pas placés au-dessous des annonciateurs correspondants ; les annonciateurs et les trous de contact occupent deux panneaux tout à fait distincts. En second lieu, l'appareil même qui sert à établir les communications entre les abonnés ou entre les abonnés et le bureau central, est d'une construction particulière qui simplifie et facilite le service, permettant ainsi de faire les communications plus rapidement.

La figure 92] donne la vue d'ensemble d'un tableau de cinquante abonnés. La partie supérieure est occupée par les cinquante annonciateurs groupés en dix rangées de cinq. Les annonciateurs sont ceux décrits précédemment et représentés sur la figure 84 ; l'effort antagoniste est emprunté au poids même des pièces. Ces appareils se distinguent d'ailleurs, par une construction très simple et très ramassée. Au-dessous du panneau des annonciateurs, se trouve un deuxième panneau dans lequel sont disposés les trous destinés à recevoir les chevilles, également en dix rangées de cinq trous chacune. La figure 93 représente la construction de ces contacts. Ils se composent essentiellement d'une barre métallique, qui, à sa partie antérieure, porte un ajutage cylindrique et, à son extrémité postérieure, une tige filetée e, munie d'un écrou f et d'un contre-écrou g. Au milieu de la règle métallique, est fixé un contact h, isolé de la masse. Contre ce contact vient appuyer en temps normal une lame de ressort c, maintenue en place par son extrémité de droite, entre la tête de la tige filetée e et l'écrou f. Le fil de l'abonné est fortement pincé entre l'écrou f et le contre-écrou g. Le contact h est relié à l'une des extrémités de la bobine de l'annonciateur, l'autre extrémité de cette bobine étant mise à la terre. Il est facile de voir qu'en enfonçant une cheville dans le trou A on rompt le contact entre le ressort et la pointe h, en même temps qu'on relie par l'intermédiaire de ce même ressort, la ligne de l'abonné A, au fil du cordon souple. Si la seconde cheville du même cordon souple est enfoncée dans un deuxième trou B, les deux abonnés A et B, sont directement reliés l'un à l'autre, à travers le cordon souple.

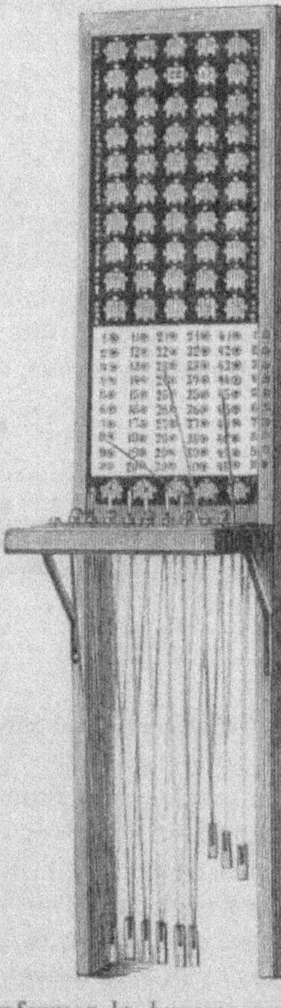

On voit d'après ce qui précède que, dans une communication ainsi établie, les deux annonciateurs sont hors circuit ; les abonnés ne peuvent informer le bureau central quand la conversation est terminée et celui-ci ne peut savoir quand la communication doit être rompue. Or, pour que le

Fig. 92.

service puisse se faire rapidement, il est indispensable que
chaque abonné donne le signal de la fin de la communication.

Ce résultat s'obtient, dans le système que nous décrivons
ici, en coupant en deux le cordon souple et en intercalant
dans cette coupure un annonciateur de fin de conversation
identique aux autres annonciateurs. Ces annonciateurs spéciaux sont disposés au nombre de cinq au-dessous du panneau qui reçoit les trous (fig. 92). Sur la tablette horizontale se trouvent dix chevilles correspondant, par groupes de
deux, aux cinq annonciateurs de fin de conversation. Les
cordons souples reliés à ces chevilles passent au-dessous de
la table et sont constamment tendus par des poids, ce qui
empêche le mélange des fils. Le tableau est complété par
d'autres contacts encore, destinés à permettre au bureau

Fig. 93.

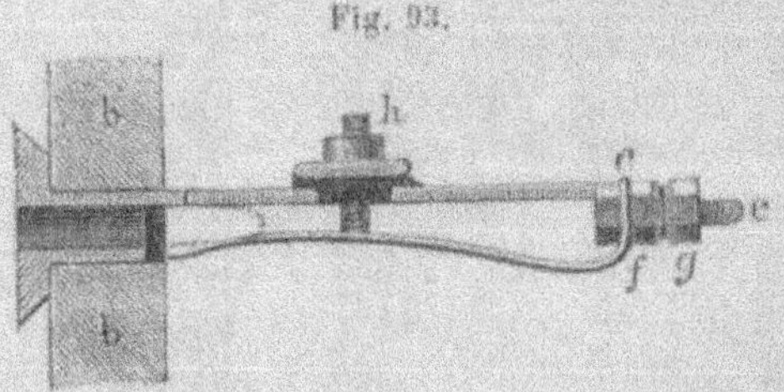

central d'appeler les abonnés ou de se mettre en communication avec eux. La figure 94 montre schématiquement un
cordon souple relié à l'annonciateur de fin de conversation
et aux différentes clefs de contact ; nous désignerons sous
le nom de *connecteur* l'ensemble de ce dispositif. L'annonciateur de fin de conversation E est relié aux contacts de
repos des deux clefs t_1 et t_2 dont la masse communique avec
les deux moitiés du cordon souple. Les contacts de travail
de ces mêmes clefs communiquent avec l'un des pôles d'une
pile B ou d'un générateur de courant quelconque. Une
troisième clef U, qui commande un appareil téléphonique T,

est reliée à un point du circuit de l'annonciateur E pris entre les deux bobines de l'électro-aimant.

Quand le poste A appelle, l'employé enfonce la cheville dans le trou correspondant A et appuie sur la clef U, ce qui met son téléphone en communication avec la ligne A et lui permet de prendre les ordres de l'abonné. Supposons que l'abonné A demande l'abonné B; l'employé enfonce la deuxième cheville du même connecteur dans le trou B et

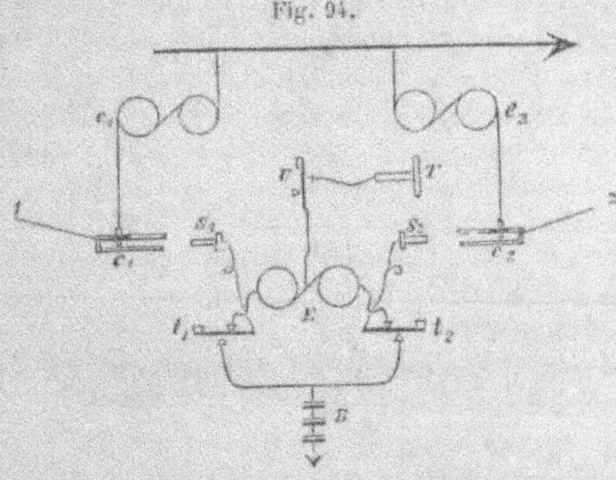

Fig. 94.

appuie un instant sur la touche t_2, reliant ainsi le générateur avec la ligne B pour appeler le poste demandé. Voilà à quoi se borne le rôle de l'employé. L'abonné appelé porte son téléphone à l'oreille et la conversation peut aussitôt s'engager. Lorsque la conversation est finie, l'abonné qui a appelé envoie dans la ligne un courant qui fait tomber la plaque de l'annonciateur E; l'employé du bureau central rompt aussitôt la communication.

Lorsqu'un abonné oublie de donner le signal de la fin de la conversation, l'employé peut toujours s'assurer si la communication est encore utilisée en appuyant sur la touche U et en se reliant ainsi à la ligne.

Les tableaux sont très étroits et n'ont que 35 centimètres de largeur, en sorte que chaque cordon peut, des deux côtés d'un tableau, atteindre jusqu'au troisième tableau, et si l'on considère cinq tableaux juxtaposés, celui du milieu peut directement se relier aux quatre autres. Pour les tableaux plus éloignés et qui, par conséquent, sont hors de portée, on dispose sur les deux côtés du cadre de chaque tableau des trous spéciaux qu'on appelle trous locaux. Les trous locaux des différents tableaux sont réunis entre eux et en général tous les trous semblablement placés communiquent entre eux. Pour relier entre elles deux lignes aboutissant à des tableaux assez éloignés, on enfonce des chevilles dans les trous correspondants des deux tableaux. On intercale ainsi dans chaque tableau un annonciateur de fin de conversation. Si l'on veut éviter de mettre en circuit deux annonciateurs, il suffit de relier l'abonné A du premier tableau, par un cordon simple, au trou l, et de relier sur l'autre tableau l'abonné B au trou l de la façon ordinaire avec un connecteur. Il n'y a alors qu'un annonciateur en circuit, celui du dernier tableau.

La figure 95 représente le contact de M. Sieur, employé en France. Son fonctionnement se comprend à l'inspection seule de la figure. Le ressort f, relié à la ligne, appuie en temps normal sur la pointe platinée p qui communique avec l'annonciateur. Mais lorsque la douille o, qui est reliée au cordon souple, écarte le crochet h de sa position de repos, ce circuit est rompu et la ligne communique directement par f, h, o avec le cordon souple. Au point de vue de la disposition générale, les tableaux français sont tout-à-fait semblables aux tableaux américains que nous venons de décrire; toutefois ils n'ont pas de connecteurs; chaque fil aboutit à deux trous de contact et le service se fait comme dans le commutateur à guichets allemand.

L'avantage des commutateurs à cordons souples sur les

commutateurs à barres tient principalement à ce que
d'une part le nombre des points de contact est réduit à un
minimum, et d'autre part à ce que la construction est plus
ramassée, ce qui rend l'inspection des tableaux plus facile.
Cependant, même avec ce système, il est impossible à l'employé d'avoir l'œil sur tous les tableaux lorsque le nombre
de ces tableaux est considérable et surtout lorsqu'ils ne sont

Fig. 95.

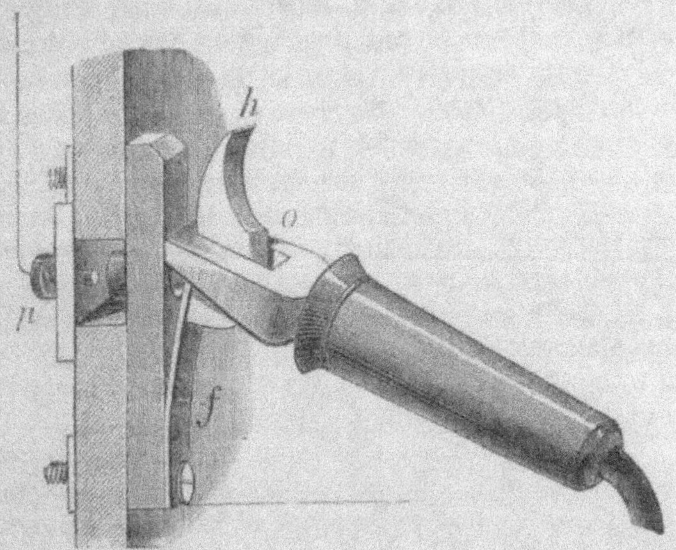

pas tous disposés côte à côte. Il peut alors arriver, aussi
bien que dans le système précédent, que par erreur deux
lignes que l'on veut relier soient mises en communication
avec deux trous qui ne communiquent pas ensemble.

Pour diminuer autant que possible cette chance d'erreur
on peut, dès qu'il s'agit d'un assez grand nombre de tableaux,
partager ces tableaux en groupes et donner à chaque groupe
une série de trous locaux. Pour dix tableaux par exemple

on formerait deux groupes ; chaque tableau recevrait vingt trous ; une première série de dix trous serait réservée aux communications avec les tableaux du même groupe, l'autre série servirait aux communications avec les tableaux du deuxième groupe. Ce dispositif facilite dans une certaine mesure la surveillance, mais il est difficile de placer sur chaque tableau un nombre suffisant de trous pour faire immédiatement toutes les communications demandées.

Quelque avantageux que soit ce système pour des bureaux de moyenne importance il devient insuffisant dès que le nombre des lignes dépasse cinq cents et il a fallu dans ce cas chercher mieux. On a tout d'abord songé à tourner cette difficulté en ayant recours à l'emploi de plusieurs bureaux centraux ; les fils se partagent entre ces bureaux qui sont reliés les uns aux autres absolument comme les différents tableaux d'un même bureau ; mais ce procédé est très mauvais ; nous avons déjà eu occasion de le faire remarquer. Il rend le service moins prompt, plus difficile et plus cher.

Résumons un peu les caractères et les défauts communs aux commutateurs que nous avons décrits jusqu'à présent ; il nous sera ainsi plus facile de comprendre les perfectionnements qu'on a cherché à y apporter.

Chaque commutateur dessert un groupe de fils, généralement cinquante. Un tel appareil, construit pour cinquante fils, forme un tout indépendant et est desservi par un employé spécial. Mais cet employé ne peut desservir que les cinquante abonnés qui sont reliés à son tableau ; il lui est impossible de communiquer avec les autres. Lorsqu'il doit relier une des lignes aboutissant à son tableau avec une ligne qui aboutit à un autre tableau il est obligé de s'adresser à l'employé qui fait le service de ce dernier tableau. Les tableaux sont reliés deux à deux par un ou plusieurs conducteurs, et quand un employé veut relier une de ces lignes, la ligne A par exemple, à la ligne X d'un autre

tableau, il commence par relier cette ligne *A* au conducteur qui va de son tableau au tableau auquel appartient
la ligne *X* ; l'employé est donc tout d'abord supposé connaître le tableau auquel appartient la ligne *X* ; pour
les grands bureaux c'est là une première difficulté. On
la tourne en faisant appeler les abonnés non par leurs noms
mais par leurs numéros d'ordre. L'employé sait alors de
suite que l'abonné 444 appartient au neuvième tableau et il
lui est facile de donner la communication.

Mais il faut encore que l'employé affecté au service du
deuxième tableau soit informé du numéro de l'abonné qu'on
demande et que de son côté il fasse le nécessaire pour donner
la communication. C'est là le point le plus faible de tout le
système. Les employés peuvent communiquer entre eux
oralement ou par écrit. Dans le premier cas c'est un véritable vacarme dès qu'il s'agit d'un grand bureau. Les
communications entre les abonnés et les employés sont
déjà une cause de gêne très sérieuse. Quand les tableaux
sont assez éloignés les uns des autres et que les employés
sont encore obligés de crier, cela devient un bruit tout-à-
fait assourdissant et le service est presque impossible.

On peut jusqu'à un certain point éviter ce bruit en
employant le système des communications écrites. Le
numéro de l'abonné qu'on demande est inscrit sur un bout
de papier que l'on remet à l'employé intéressé ou qu'on lui
fait remettre par un gamin spécialement affecté au service.
Mais ce procédé a aussi ses inconvénients : il introduit une
grande lenteur dans le service et augmente en même temps
le nombre des employés nécessaires. Le temps qu'il faut
pour écrire, pour porter et pour lire les billets est du temps
perdu. De plus les erreurs peuvent toujours se produire ;
les noms sont mal écrits, souvent mal lus et en somme la
méthode est encore très imparfaite.

Les tableaux multiples.

Nous avons dit que le point faible des commutateurs dont nous nous étions occupés jusqu'à présent consistait dans l'établissement des communications d'un tableau à un autre ou dans la difficulté que présentaient les connexions des lignes aboutissant à deux tableaux éloignés l'un de l'autre. Cette difficulté disparaît avec le système des tableaux multiples imaginé en Amérique. Ce système permet en effet à chaque employé de relier entre eux non seulement les fils qui font partie de son propre tableau, mais encore *tous les fils* qui aboutissent au bureau central et cela sans être obligé de s'adresser à aucun des autres employés du bureau. Les lignes qui entrent dans le bureau sont partagées en groupes de deux cents, mais chacun des tableaux construits pour deux cents lignes est pourvu de contacts pour toutes les autres lignes du bureau ; tous les contacts qui dans les différents tableaux correspondent à une seule et même ligne sont reliés entre eux, et ceci permet à chaque employé d'effectuer sur son propre tableau, sans le secours de personne, toutes les communications demandées. Le tableau multiple dont la figure 96 donne une vue d'ensemble comprend une série d'annonciateurs, de connecteurs et de trous destinés à recevoir des chevilles.

Les trous des chevilles sont d'une construction analogue à celle que nous avons précédemment décrite (p. 187). La figure 97 représente deux de ces trous et montre la position des pièces suivant que la cheville est enfoncée ou non. La barre métallique sur laquelle sont fixées les différentes pièces est terminée d'un côté par une douille qui sert à recevoir la cheville et de l'autre par deux écrous entre lesquels est serré le fil de ligne. Sur cette dernière barre,

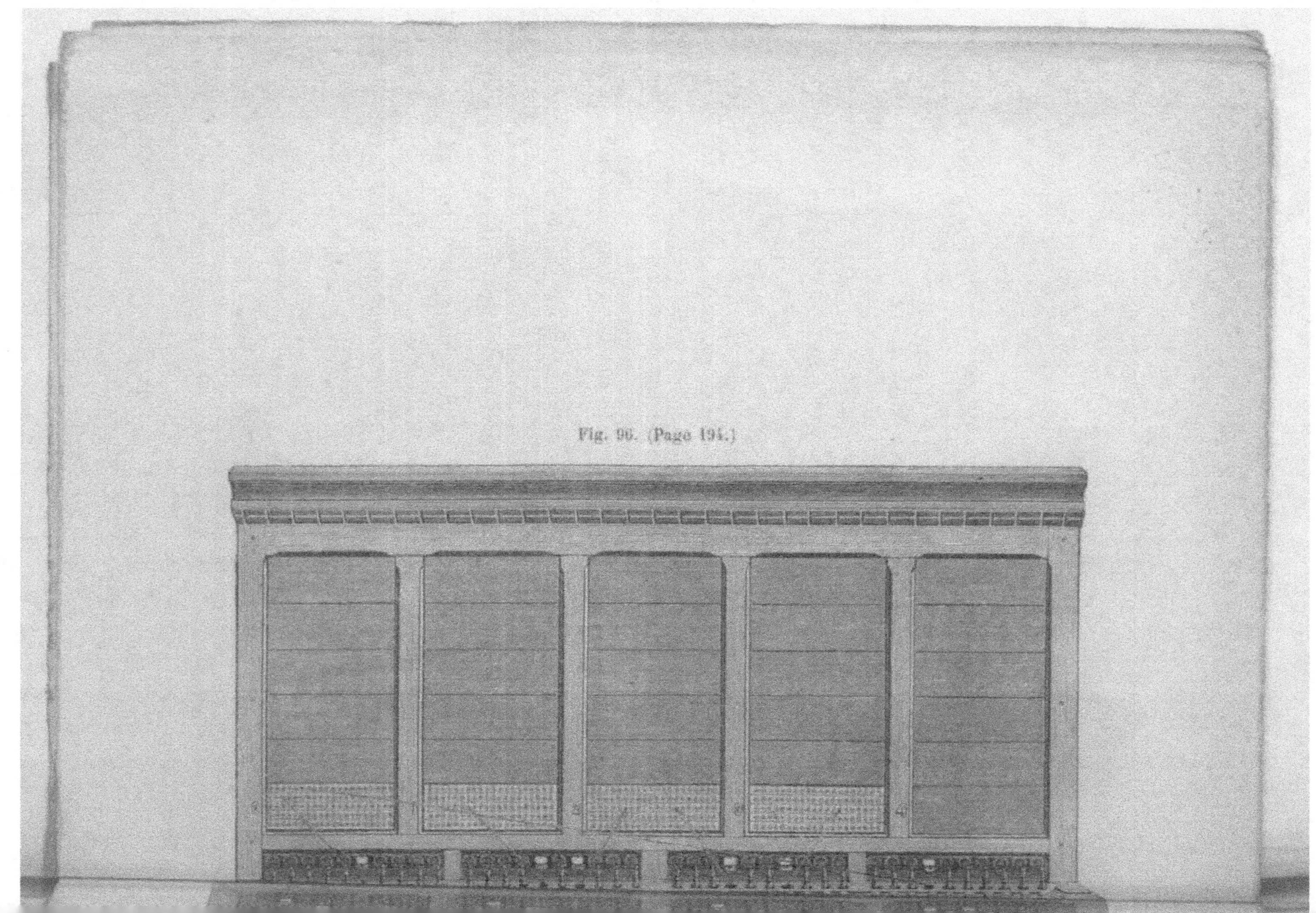

Fig. 96. (Page 194.)

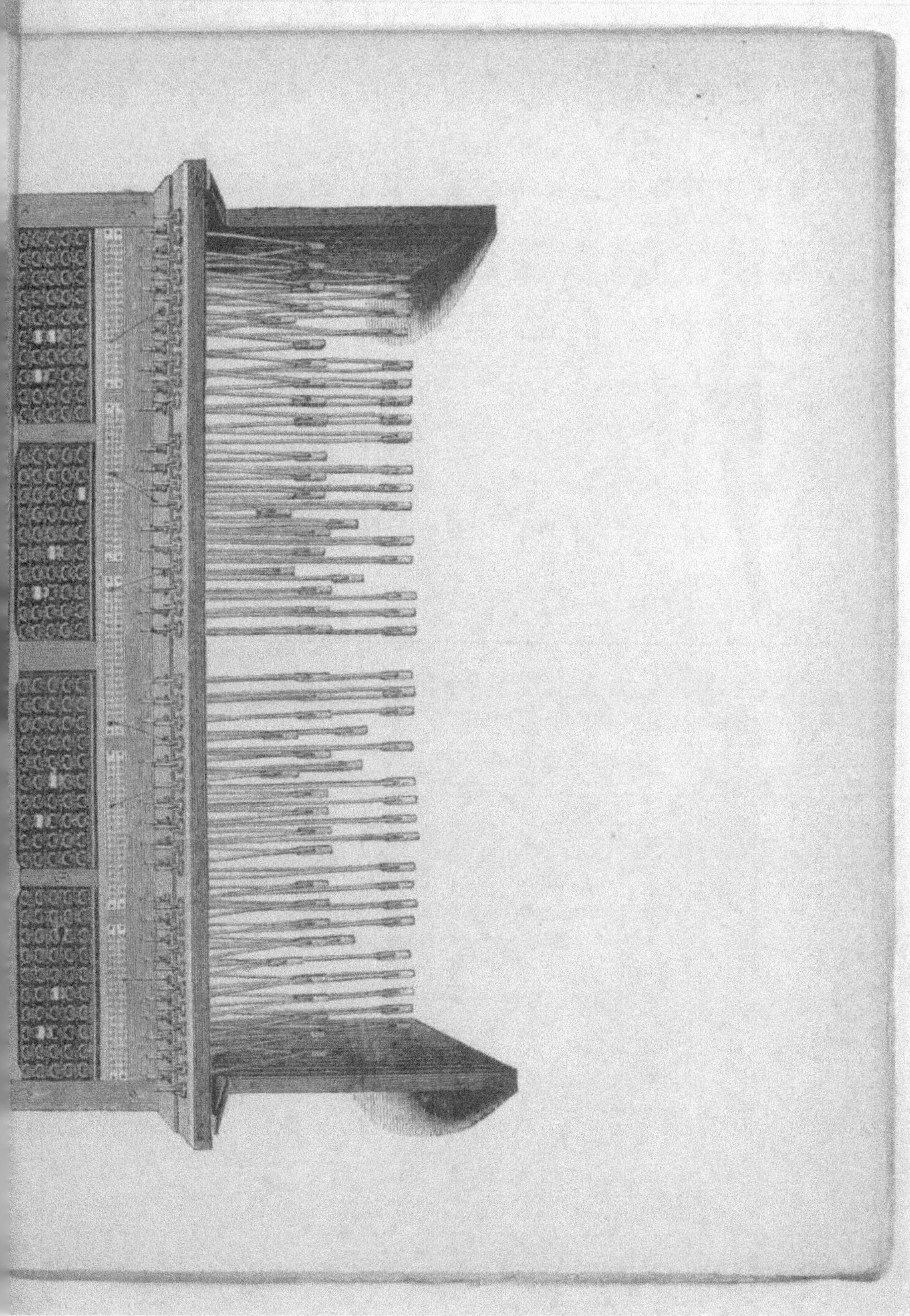

mais isolées par des cales en ébonite, sont disposées deux pièces de contact reliées chacune à un conducteur. La première
de ces pièces communique avec le ressort i que nous appellerons *ressort isolé* pour faciliter la description du jeu de
l'appareil. L'autre pièce est reliée à un contact c sur lequel
appuie en temps normal le ressort isolé. A chaque trou
aboutissent donc trois conducteurs différents, reliés le premier au ressort isolé, le deuxième à la pointe de contact et

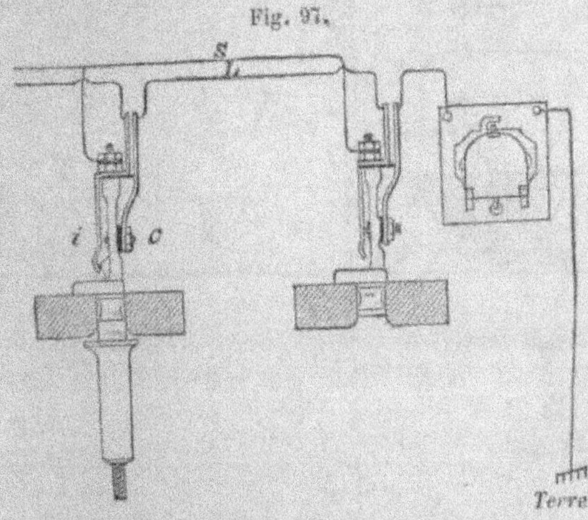

Fig. 97.

le troisième à la masse de l'appareil. Nous verrons plus loin
l'utilité de ces trois conducteurs, nous bornant à faire
remarquer ici qu'en enfonçant une cheville dans la douille
on rompt le contact entre le ressort isolé et la pointe c en
même temps qu'on établit le contact entre cette même
pointe et la masse de l'appareil à travers la cheville.

La construction des annonciateurs est également analogue
à celle que nous avons décrite à propos du commutateur
précédent ; ils sont surtout caractérisés par une forme très

ramassée. Un annonciateur n'occupe sur le tableau qu'un rectangle de 25 millimètres de hauteur et de 30 millimètres de largeur.

La figure 98 donne le schéma des connecteurs. Chacun d'eux se compose de deux cordons à chevilles $s\, s_1$ entre lesquels est intercalé l'annonciateur de fin de conversation S. Les touches t et t_1, qui communiquent avec une batterie ou avec un générateur de courant quelconque G, servent pour les appels. Le téléphone T peut être mis en circuit à la place de l'annonciateur S, par le jeu d'un levier à excentrique h. A côté du téléphone, se trouve encore une batterie b, dont nous indiquerons bientôt l'usage.

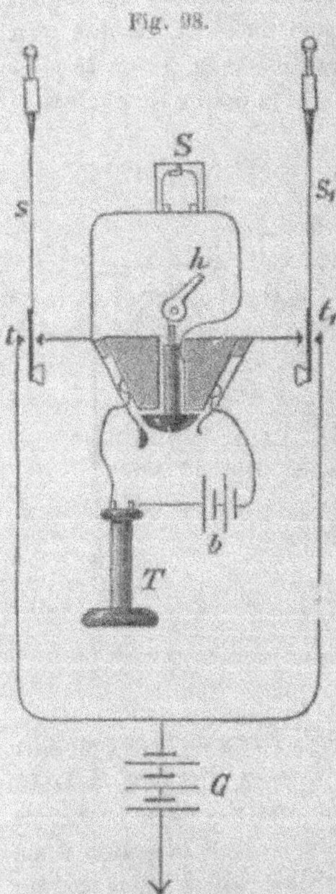

La disposition des tableaux varie un peu avec les différents constructeurs, mais le principe est toujours le même. La figure 96, montre une des dispositions les plus récentes. Dans la partie moyenne, sont rangés les deux cents annonciateurs, qui sont distribués par groupes de cinquante et forment ainsi quatre panneaux. Au-dessous des annonciateurs sont placés les deux cents trous qui leur correspondent, que nous appellerons les *trous locaux*, pour les distinguer des autres trous du tableau. Sur la partie horizontale du tableau se

trouvent les touches qui servent à sonner et à parler ; la
première rangée est formée par les leviers, dont le jeu met
en circuit les téléphones du bureau. Le tableau qui a servi
de modèle pour notre dessin, possédait quarante connecteurs ; on remarque un système de quarante touches, distri-
buées par groupes de dix, chaque groupe étant desservi par
un employé spécial. Il résulte de là que dix connecteurs
ont un appareil téléphonique commun ; cet appareil n'est
d'ailleurs pas représenté sur la figure. Derrière chaque
touche se trouve une cheville, dont le cordon souple passe
au-dessous de la table et est constamment tendu par un
poids mobile. Le deuxième cordon souple est placé sur
l'entablement qui surmonte la dernière rangée des annonciateurs. Au-dessus de cet entablement, se trouve un tableau
qui contient tout d'abord les quarante annonciateurs des
connecteurs ; au-dessus on voit des panneaux vides destinés
à recevoir un nombre de trous de connexion, égal à celui
de toutes les lignes qui aboutissent dans le bureau ; nous
appellerons *trous de lignes*, ces trous, afin de les distinguer
des trous locaux, précédemment définis.

Sur la fig. 96, on ne voit que quatre cents de ces trous,
mais les dimensions du tableau permettent d'en placer trois
mille ; ces contacts s'ajoutent au fur et à mesure des besoins
du service.

A chaque fil qui entre dans le bureau central correspond,
sur chaque tableau, un trou de ligne ; de plus chaque fil a
sur un tableau spécial, son annonciateur et son trou local.
Nous allons indiquer comment doivent être reliés ces différents appareils, puis nous suivrons la marche du courant
dans les divers cas.

Toutes les fois que cela est possible, on place parallèlement,
à côté les uns des autres, tous les tableaux d'un même
bureau. On relie ensuite entre eux tous les trous de lignes
qui portent le même numéro d'ordre en ayant soin de faire

en sorte que la pointe de contact de chaque appareil pris sur un tableau, soit reliée avec le ressort isolé de l'appareil, pris sur le tableau suivant. Quand ceci est fait, il ne reste plus de libres que les ressorts isolés du premier tableau et les pointes de contact du dernier tableau.

On relie aux ressorts isolés du premier tableau toutes les lignes qui entrent dans le bureau central et qui ont déjà passé par les parafoudres. Pour ce qui est des pointes de contact du dernier tableau, on les relie par des conducteurs, qui reviennent en arrière, aux tableaux sur lesquels se trouvent les annonciateurs et les trous locaux portant les numéros correspondants. C'est ainsi que les conducteurs numérotés de 1 à 200 relient les pointes de contact du dernier tableau avec les ressorts isolés des trous locaux du premier tableau, de là ces conducteurs passent aux pointes de contact des mêmes trous, aux annonciateurs et enfin à la terre. Les conducteurs de 201 à 400 vont du dernier tableau au deuxième et ainsi de suite. Ces connexions une fois établies, tous les tableaux forment un appareil unique. Les fils de ligne sont tous amenés aux trous de ligne du premier tableau ; ils passent successivement par les trous de ligne de tous les tableaux jusqu'au dernier, reviennent en arrière pour traverser les trous locaux correspondants et se rendent enfin à la terre à travers leurs annonciateurs. La figure 99 donne le circuit complet pour un seul fil de ligne dont l'annonciateur est supposé placé sur le troisième tableau.

Lorsqu'un abonné quelconque, l'abonné n° 254 par exemple, appelle le bureau central, l'employé enfonce la cheville d'un de ses connecteurs dans le trou local n° 254 de la tablette inférieure, il fait jouer le levier qui commande le téléphone et prend l'ordre de l'abonné. Supposons que celui-ci demande la communication avec le n° 452, l'employé prend alors sur la plateforme supérieure la deuxième

cheville du même connecteur, l'enfonce dans le trou de
ligne qui porte le n° 452 et appuie sur le bouton d'appel du
cordon correspondant : son rôle d'intermédiaire est alors
terminé. Quand la conversation est finie, l'abonné qui a
appelé le bureau central sonne de nouveau, la plaque de
l'annonciateur de fin de conversation tombe et l'employé

Fig. 99.

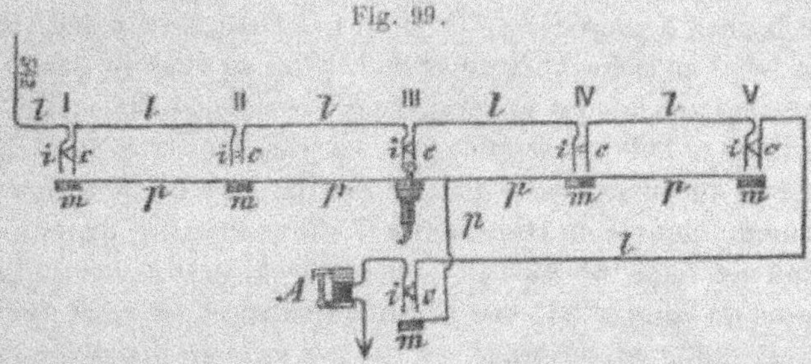

n'a qu'à retirer les deux chevilles qui, sous l'action des poids
dont nous avons parlé, reviennent à leurs positions de
repos.

Dans ce système, les employés n'ont pas besoin de communiquer entre eux et il faut, pour établir une communication, deux fois moins de temps qu'avec les commutateurs
généralement usités. Inutile de dire que le nombre des
employés se trouve réduit dans la même proportion.

Il nous reste encore à mentionner un détail particulier
qui intéresse le fonctionnement de ces tableaux. Lorsqu'on
place une cheville dans l'un quelconque des trous, le trou
de ligne n° 245 par exemple qui appartient au deuxième
tableau, on éloigne le ressort isolé de la vis de contact dans
le trou considéré, et l'on coupe ainsi la ligne 245 pour tous
les tableaux qui suivent. La ligne arrive, par le trou de
ligne du premier tableau, au ressort isolé du second tableau,
puis de là elle se rend, à travers la cheville, dans le con-

necteur. Mais comme cette opération a pour effet d'isoler
la vis de contact sur le deuxième tableau, il en résulte que
tous les trous de lignes des tableaux suivants, le trou local
et l'annonciateur n° 245 sont coupés de la ligne. Or, il peut
arriver qu'à ce moment un autre abonné, l'abonné n° 808
par exemple, qui appartient au cinquième tableau, demande
le même numéro 245. Si l'employé placé au cinquième tableau
se bornait à procéder de la façon précédemment décrite, il
ne ferait qu'isoler la ligne n° 808. Voici en effet ce qui aurait lieu une fois les manipulations précédentes accomplies :
la ligne n° 808 traverserait tous les trous locaux portant le
n° 808 du bureau pour aboutir au trou local et au connecteur du cinquième tableau; de là elle passerait à travers le
trou de ligne n° 245 du même tableau, puis à travers les
trous de ligne n° 245 des tableaux quatre et trois, et vien-
drait enfin se terminer au contact isolé du deuxième tableau. La ligne demeurerait coupée tant que l'une ou l'autre
des deux communications ne serait pas rompue et l'a-
bonné 808 se trouverait pendant tout ce temps absolument
en dehors du réseau. Un inconvénient tout à fait analogue
se présente si, un numéro étant déjà pris sur un tableau
quelconque, l'employé placé à un tableau d'ordre inférieur
donne la communication avec ce même numéro. Supposons
en effet que la ligne n° 245 étant déjà prise au deuxième
tableau, le n° 88 qui appartient au premier tableau demande
cette même ligne, et qu'on établisse la communication entre
les numéros 88 et 245 au premier tableau ; il est facile de
voir que cette dernière communication se trouverait très bien
établie et que les abonnés 88 et 245 pourraient causer ensemble tandis que la communication précédemment exis-
tante serait rompue et le fil antérieurement relié avec le
n° 245 coupé.

Il serait impossible de faire un service régulier dans ces
conditions, aussi est-on obligé de recourir à un troisième

système de conducteurs, que nous désignerons sous le nom de *fils d'épreuve* et qui sont destinés à remédier aux inconvénients précités. Les fils d'épreuve relient électriquement entre elles les masses de tous les commutateurs portant le même numéro d'ordre. Dès que dans un trou quelconque on place une cheville, on fait communiquer la masse du commutateur considéré avec le ressort isolé et la ligne, et comme les masses de tous les appareils communiquent entre elles, elles se trouvent toutes du même coup reliées à la ligne. La figure 99 montre le schéma de tous les circuits pour le fil n° 542. Ce schéma est fait dans l'hypothèse où il y aurait cinq tableaux au bureau central; i représente le ressort isolé, c la vis de contact, et m la masse des différents commutateurs; A sont les annonciateurs, l les fils de ligne et p les fils d'épreuve; le trou de ligne du troisième tableau étant occupé par une cheville, les trous de ligne des tableaux quatre et cinq et le trou local du tableau trois se trouvent isolés; la même cheville établit par contre la communication entre la ligne et tous les fils p.

Nous avons fait remarquer précédemment (voir fig. 98), que les appareils téléphoniques des employés étaient pourvus d'une batterie b. Si, en un point quelconque, on établit la communication entre une cheville et la masse m d'un commutateur, le courant de la pile traversant le téléphone, le cordon souple et le fil p, se rend au ressort isolé du trou déjà occupé et de là dans la ligne correspondante. Le passage de ce courant produit dans le téléphone un bruit caractéristique, qui avertit l'employé que la ligne est déjà prise. Si au contraire la ligne considérée est libre, il ne passe aucun courant dans le téléphone, puisque les fils p, sont partout isolés. Un bruit analogue se produit dans les téléphones des deux abonnés, dont la ligne est soumise à cette épreuve, mais ce bruit est très faible et à peine sensible.

M. J. Sitzenstatter a introduit un perfectionnement notable

dans le système qui nous occupe ici. Comme le son que produit le téléphone peut facilement échapper à l'oreille et nécessite, dans tous les cas, une très grande attention de la part des employés, M. J. Sitzenstatter a eu l'idée de couper la ligne entre le téléphone et la pile et de mettre les deux bouts des fils à la terre. A côté de la pile est disposé un relais très sensible qui ferme, sitôt qu'il est traversé par un courant, un circuit local où se trouve une trembleuse. Celle-ci est placée devant l'employé et l'avertit dès qu'il touche avec sa cheville une ligne déjà prise.

Le point le plus délicat dans les tableaux multiples, est le montage qui nécessite un très grand nombre de fils. Il faut en effet entre deux tableaux prévoir :

      1° Un fil de ligne pour chaque numéro ;
      2° Un fil d'épreuve pour chaque numéro ;
      3° Un fil local pour chaque annonciateur.

Dans un bureau central de trois mille abonnés avec quinze tableaux, on devra faire aboutir à chaque tableau, trois mille fils de ligne et trois mille fils d'épreuve. On aura de plus, entre le dernier et l'avant-dernier tableau, deux mille huit cents fils locaux, entre les tableaux quatorze et treize, deux mille six cents fils locaux et ainsi de suite ; le nombre moyen des fils entre deux tableaux peut être évalué à sept mille cinq cents environ. Il faut une étude toute spéciale pour arriver à loger et à fixer solidement cette quantité énorme de fils. Comme les trous des chevilles sont groupés par rangées de vingt, on emploie en général des câbles sans induction, à vingt âmes.

Il faut néanmoins une moyenne de trois cent soixante-quinze câbles entre deux tableaux consécutifs, il en faut même quatre cent quarante entre les tableaux quatorze et quinze. Ces câbles représentent une longueur de dix kilomètres au minimum, le développement du fil nécessaire pour monter quinze tableaux est donc de plus de deux cents kilomètres.

Le nombre des connexions à établir, est naturellement en rapport avec la longueur du fil. A chaque trou de cheville aboutissent trois conducteurs. Un tableau ayant trois mille deux cents trous, cela fait neuf mille six cents contacts à établir par tableau et cent quarante-quatre mille pour l'ensemble des quinze tableaux. Il va de soi que ces contacts doivent être soudés avec le plus grand soin, d'autant plus qu'avec cette quantité prodigieuse de fils et de points de soudure, les réparations ne peuvent se faire qu'avec une difficulté extrême.

Actuellement il existe plusieurs centaines de tableaux multiples, employés dans le service téléphonique du nouveau et de l'ancien continent ; tous ces tableaux ont été construits par la Western Electric C° de Chicago. Les villes d'Europe qui en possèdent, sont entre autres : Christiania, Stockholm, Liverpool, Genève, Anvers.

Les commutateurs sans appareils d'appel.

Une catégorie très intéressante de bureaux centraux est celle où il n'est fait usage d'aucun appareil d'appel spécial. Voici quel est le principe de ces installations.

Un certain nombre de fils se trouve relié au bureau central à une ligne de terre commune, dans laquelle est intercalé un téléphone. L'employé a constamment ce téléphone à l'oreille, de telle sorte que les abonnés peuvent communiquer avec lui, sans être obligés de l'appeler. Quand un abonné désire avoir une communication, il dit simplement à l'employé, son numéro et celui de l'abonné qu'il veut appeler : *Le n° 10 désire la communication avec le n° 20* par exemple ; l'employé établit aussitôt la communication au commutateur.

On a cherché à appliquer pratiquement ce principe de différentes façons. La figure 100 est le schéma du dispositif adopté par la Commercial Bell Telephone C° de New-York. Cette forme d'appareil a été imaginée par Clay.

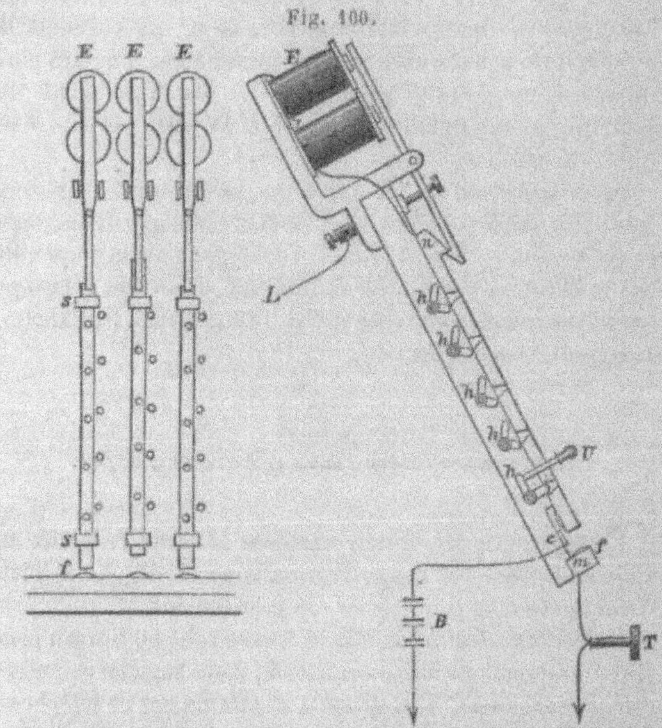

Fig. 100.

Chaque fil de ligne L aboutit à un électro-aimant E, qui ne sert pas à appeler, mais seulement à donner le signal de la fin de la conversation. Ces électro-aimants sont groupés par rangées horizontales, comme les annonciateurs dans les tableaux ordinaires. Les communications se font au moyen d'un jeu de barres horizontales et verticales, isolées les unes des autres, dispositif qui rappelle les premiers commutateurs que nous avons décrits. A chaque électro-aimant correspond une barre verticale, communiquant électriquement avec l'électro-aimant. Ces barres verticales passent dans des guides s et se déplacent très facilement dans le sens de leur longueur. Au repos, c'est-à-dire en temps normal, elles appuient sous l'action de leur propre poids, contre le ressort f fixé à la barre métallique horizontale m. C'est à cette dernière barre qu'est relié le téléphone T de l'employé, en sorte que toutes les lignes communiquent constamment avec ce téléphone.

Les tiges horizontales servent à établir la communication entre deux quelconques des barres verticales. Elles sont rondes, très mobiles autour de leur axe et portent au-dessous de chaque traverse verticale deux petits leviers h calés à angle droit. Les deux leviers ne sont pas dans le même plan vertical; l'un est situé dans l'axe de la traverse, l'autre tout près, mais en dehors de cette même traverse. Si, dans ces conditions, on appuie avec une pointe U sur le levier latéral, ce levier s'abaisse entraînant dans son mouvement l'autre levier ainsi que la tige entière qui tourne de 90° autour de son axe. Le deuxième levier vient se placer dans l'évidement que présente la barre verticale et entraîne celle-ci assez loin pour que le nez n qui la termine tombe en prise avec le crochet porté par l'armature de l'électro-aimant. A partir de ce moment, la barre verticale est enclanchée et maintenue en place et la cheville U peut être retirée. On opère de même pour la barre verticale qui correspond au deuxième abonné et la communication se trouve établie. Dans le mouvement de montée de la barre verticale un ressort fixé à la partie inférieure de cette barre frotte contre la lame de contact c qui est reliée à une pile B. Ce contact passager a pour effet d'envoyer un courant dans le poste appelé et de mettre automatiquement en branle la sonnerie de ce poste. Quand la conversation est terminée, les abonnés en raccrochant leurs téléphones envoient aussi automatiquement, au moyen d'un dispositif analogue, un courant dans le bureau central ; ce courant anime les électro-aimants correspondants, les barres verticales sont déclanchées et descendent jusqu'à ce qu'elles viennent buter contre le ressort f. La communication est ainsi rompue et les pièces reviennent à leur position de repos sans aucune intervention de l'employé.

Ce système, qui paraît singulier, donne de fort bons résultats en pratique et cela est si vrai que la compagnie qui exploite les réseaux ainsi organisés fait payer un abonnement plus cher que les autres compagnies. Cette augmentation du prix de l'abonnement s'explique en partie aussi par la nécessité d'un personnel plus nombreux. En revanche, le service est plus sûr et plus rapide.

La table multiple employée dans le bureau central de Philadelphie est un perfectionnement apporté au système que nous venons de décrire. Le bureau est destiné à desservir quatre mille abonnés et l'on s'est attaché dans la construction des appareils mêmes à appliquer au système Clay le principe des tableaux multiples dont nous nous sommes précédemment occupé. La figure 101 est la vue perspective d'une table séparée qui dessert quatre cents abonnés.

La table se compose de deux parties : Au milieu sont disposées les chevilles, par groupes de cinquante, chaque groupe comprenant cinq rangées de dix chevilles. Les chevilles représentent l'extrémité supérieure d'un cordon souple emprisonné dans un tube métallique (fig. 102). L'extrémité inférieure du cordon souple porte un contrepoids qui tend à toujours ramener la cheville à sa position de repos et qui communique électriquement avec le tube au moyen de ressorts convenablement disposés. Le

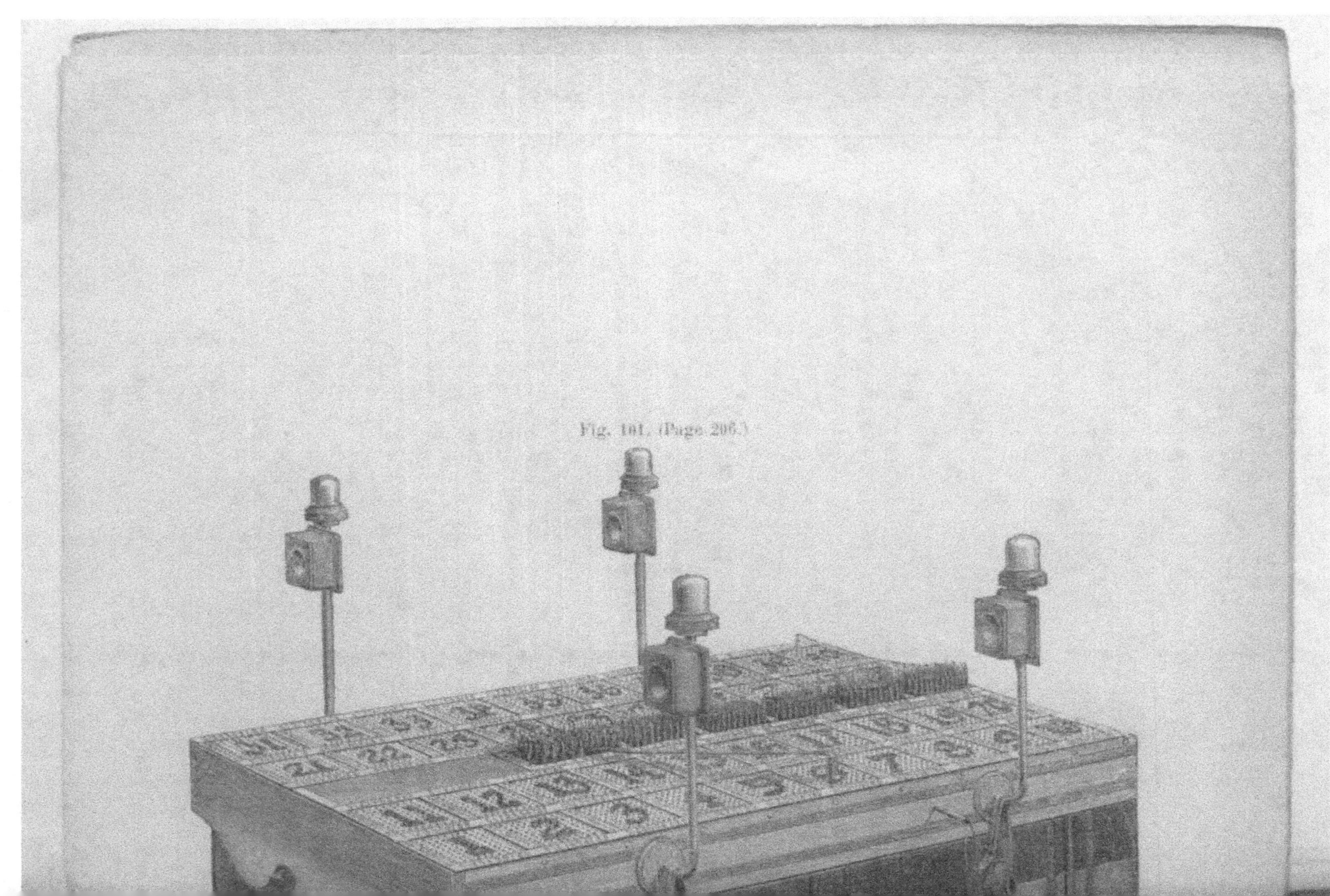

Fig. 161. (Page 206.)

tube communiquant avec la ligne c il en résulte que la cheville correspondante communique aussi d'une façon permanente avec la ligne.

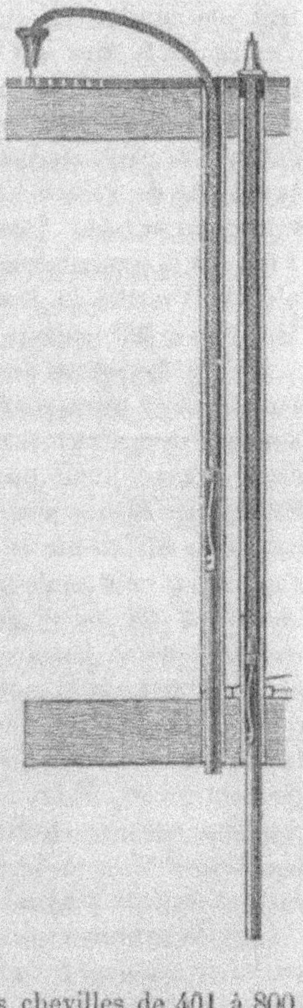

De part et d'autre des chevilles se trouvent disposés des trous groupés par séries de cent. Cent trous forment un carré distinct; dix de ces carrés sont rangés côte à côte et représentent par conséquent mille trous. Sur la figure 101 nous voyons en nous plaçant devant la table et en allant de gauche à droite dans la première rangée les trous de 1 à 1,000 et dans la deuxième rangée les trous de 1001 à 2000.

Derrière la partie médiane de la table qui sert à loger les chevilles, sont disposées encore deux rangées de trous, la troisième et la quatrième comprenant les trous de 2001 à 3001 et de 3001 à 4000. Ces quatre mille trous occupent une surface de 1 mètre de largeur sur 2 de longueur en sorte qu'un seul employé peut très bien de sa place contrôler toute la table. Au milieu de chacune de ces tables de quatre mille trous sont disposés huit groupes de cinquante chevilles soit quatre cents chevilles en tout. La première table reçoit les chevilles de 1 à 400; la deuxième les chevilles de 401 à 800 et ainsi de suite. Il faut autant de tables qu'il y a de fois

Fig. 102.

quatre cents lignes dans le bureau : pour quatre mille lignes dix tables sont nécessaires.

Chacun des fils aboutissant au bureau passe successivement par tous les trous qui, sur les différentes tables, portent son numéro. La cheville qui porte le même numéro d'ordre que la ligne est également reliée à celle-ci. Mais le trait particulier de ce système est qu'il n'y a au bureau central aucune communication à la terre. Pour relier l'abonné A avec l'abonné B, il suffit que l'employé enfonce la cheville de l'abonné A dans le trou marqué B qui se trouve sur sa table. L'employé n'a qu'un seul mouvement à faire et la communication est établie. On économise donc plus de la moitié du temps nécessaire dans les autres systèmes où il faut toujours manœuvrer deux chevilles.

Mais la disposition décrite jusqu'à présent ne permet pas au bureau de correspondre avec les abonnés. Les appels se font au moyen d'un réseau de lignes spécial. Chaque abonné a deux lignes : l'une pour appeler, l'autre pour parler. Pour parler chaque poste a un fil distinct qui va du poste considéré au bureau central ; tandis que pour permettre l'appel on relie toute une série d'abonnés, une centaine environ à un même fil. Chacune de ces lignes d'appel communique au bureau central avec un téléphone qu'un employé tient constamment à l'oreille.

Les postes des abonnés sont nécessairement d'une construction particulière. L'abonné n'appelant jamais, à proprement parler, le bureau central n'a chez lui ni pile, ni machine magnéto-électrique ; son poste se compose tout simplement d'un téléphone, d'un microphone, d'une sonnette et de deux commutateurs.

L'un de ces commutateurs, dont le jeu est commandé par un levier extérieur à l'appareil est destiné à mettre ce dernier soit sur la ligne qui sert à parler, soit sur celle qui sert à appeler. L'appareil est normalement sur la première de

ces lignes. Quand le bureau central appelle l'abonné celui-ci
n'a qu'à retirer le téléphone de son crochet et la conversation peut aussitôt s'engager. Mais, pendant qu'il cause
avec un autre abonné, il pourrait très bien arriver qu'au
bureau on le reliât avec un troisième abonné ce qui donnerait
lieu à de fâcheux troubles. Pour éviter cet inconvénient,
le crochet auquel est suspendu le téléphone fait fonction de
commutateur automatique et transforme la sonnerie de
l'abonné tantôt en une sonnerie trembleuse ordinaire, tantôt
en une sonnerie à un seul coup. Lorsque le téléphone est
accroché, un interrupteur se trouve en circuit avec la ligne,
et la sonnerie fonctionne comme une trembleuse ordinaire ;
si au contraire le téléphone est retiré de son crochet l'interrupteur est mis hors circuit et si un courant arrive dans
le poste de l'abonné il traverse simplement l'électro-
aimant de la sonnerie et maintient l'armature collée : les
courants intermittents ne peuvent se produire.

Ceci posé, voici comment on procède au bureau central.
Supposons que l'abonné A veuille demander une communication. Il fait basculer de haut en bas le levier extérieur
dont est muni son poste et se place ainsi sur la ligne
d'appel ; il décroche alors son téléphone, appelle l'employé
du bureau et lui donne son numéro ainsi que le numéro de
la personne avec laquelle il désire correspondre. L'employé
saisit un cordon souple qui se trouve à côté de son téléphone et que l'on aperçoit sur la figure 101 ; ce cordon
est relié à une batterie et sert uniquement aux appels ; avec
la cheville qui termine le cordon il touche le trou portant
le numéro de l'abonné B et envoie ainsi un courant dans
le poste de cet abonné. Si à ce moment B ne correspond
avec personne l'interrupteur de sa sonnerie est en circuit
et celle-ci, fonctionnant en trembleuse, l'appelle. La ligne
est parcourue par des courants intermittents qui agissent
sur un relais placé, au bureau central, à côté du télé-

phone de l'employé (sur la figure 101 ce relais est recouvert par une cloche). L'abonné B est-il au contraire déjà pris? alors sa sonnerie ne fonctionne pas, l'interrupteur étant hors circuit. L'armature est simplement attirée, et la ligne n'étant pas traversée par des courants intermittents, le relais au bureau central demeure silencieux. L'employé en conclut que l'abonné B n'est pas libre et il en informe A. Lorsque le relais fonctionne, il tire à lui la cheville de l'abonné A et la place dans le trou *B* de sa table ; la communication entre A et B se trouve aussitôt établie. La conversation terminée, l'abonné qui a appelé se remet de nouveau sur la ligne d'appel et informe verbalement l'employé qu'il peut rompre la communication.

Ce système a certains avantages ; les communications peuvent se faire très rapidement, d'un seul mouvement ; aussi le personnel qu'exige le service du bureau central est-il moins nombreux que dans les autres systèmes. Il offre par contre l'inconvénient de nécessiter deux fils pour chaque poste du réseau.

Dans le système de Greenfield, la ligne d'appel se trouve supprimée par l'emploi, au bureau central, d'un récepteur, de construction particulière, connu sous le nom de *récepteur multiplex*. La figure 104 représente une coupe de cet appareil. Il se compose d'une série de téléphones, disposés radialement autour d'un tube central. Ce tube se termine par deux branches recourbées en forme de fer à cheval et munies de cornets acoustiques, qu'une lame en acier maintient appuyés contre les oreilles de l'employé. Dans le tube principal débouchent une série de tubes latéraux ; ces tubes, au nombre de seize, sont distribués par groupes de huit, dans deux plans parallèles. Chacun de ces canaux aboutit à un récepteur téléphonique, en sorte que le système complet comprend dix-sept téléphones : seize pour les canaux latéraux et un pour le canal principal. Chaque bobine téléphonique

se compose de trois enroulements distincts et les extrémités
de chacun de ces enroulements sont reliées à deux lignes
d'abonnés. Six lignes se trouvent donc reliées à un seul
téléphone et l'appareil entier, qui comprend dix-sept téléphones, communique avec cent deux lignes. Un seul
appareil et, par suite, un seul employé, suffisent au service
de cent deux abonnés, qui par le récepteur multiplex, sont
en communication constante avec le bureau central.

Au bureau central, les lignes viennent aboutir à des
blocs de laiton, percés de trous et méthodiquement rangés
sur une table (fig. 103). Entre deux blocs juxtaposés est
intercalée une des bobines du récepteur multiplex. Une série
de connecteurs sert à établir les communications; ces
connecteurs, au nombre de six sur la figure 103, se composent chacun de deux cordons souples et d'un annonciateur
de fin de conversation. Au-dessus de la table est suspendu
le récepteur multiplex et le transmetteur de l'employé. Les
communications s'établissent comme suit :

L'abonné A, qui demande une communication, donne à
l'employé son numéro ainsi que le numéro de l'abonné B,
avec lequel il veut être relié. L'employé appelle l'abonné B,
au moyen d'une pile spéciale, puis il enfonce les deux chevilles d'un même connecteur dans les blocs de laiton correspondant aux abonnés A et B. Son rôle prend aussitôt fin.
Lorsque la conversation est terminée, l'abonné A envoie un
courant dans la ligne; la plaque de l'annonciateur de fin de
conversation tombe et l'employé rompt la communication.

Comme les bobines téléphoniques portent trois enroulements et que chaque enroulement aboutit à deux lignes,
il faut prévoir un dispositif spécial qui, lorsque l'une de ces
lignes est prise par une communication, permette à l'autre
ligne de correspondre avec le bureau. La figure 105 représente ce dispositif particulier. Dans cette figure, m_1 et m_2
sont les deux blocs de laiton juxtaposés, reliés d'une part

à la bobine téléphonique commune T et d'autre part aux

Fig. 103.

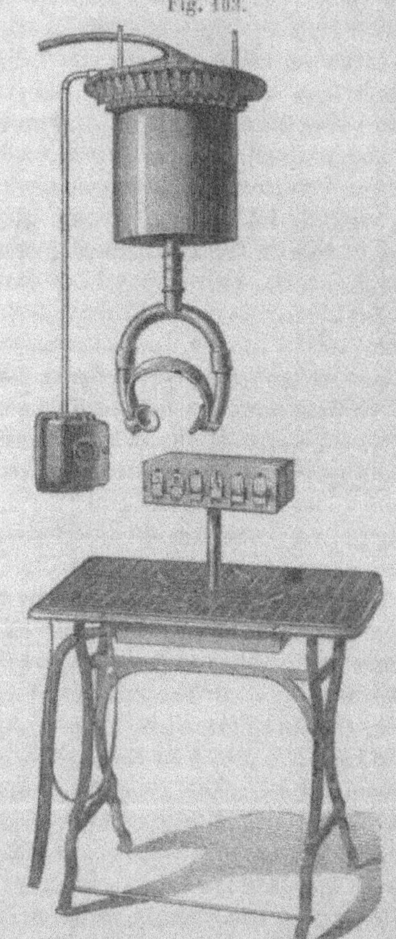

lignes A et B. En temps normal les ressorts de contact c,
fixés aux leviers articulés h, viennent appuyer sous l'action

Fig. 164.

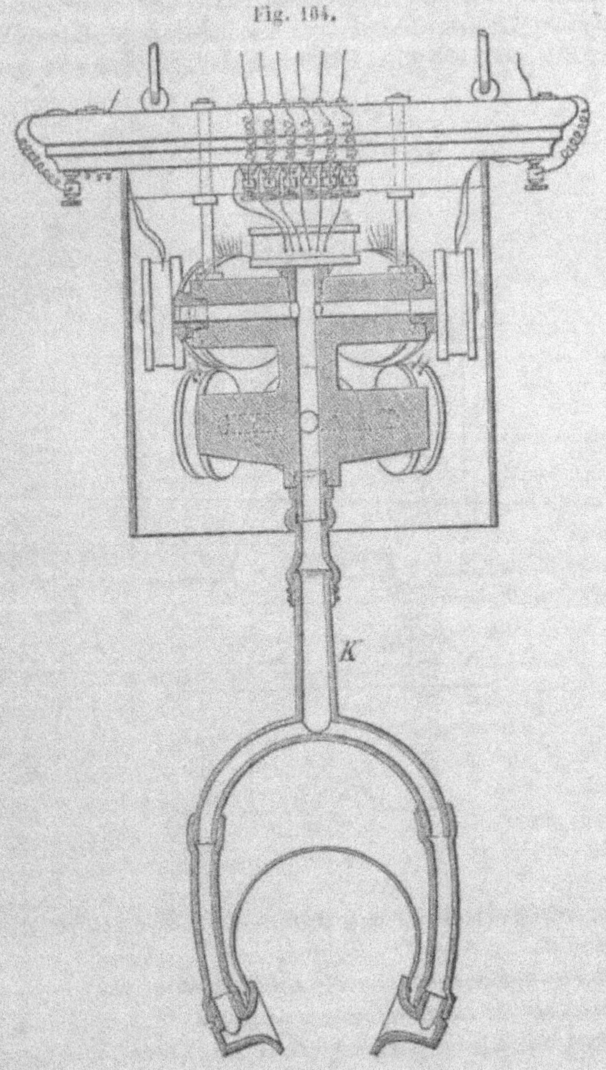

du ressort f contre les blocs m_1 et m_2. Ces leviers communiquent électriquement avec les bornes k entre lesquelles est intercalée la bobine téléphonique T. La ligne A se trouve

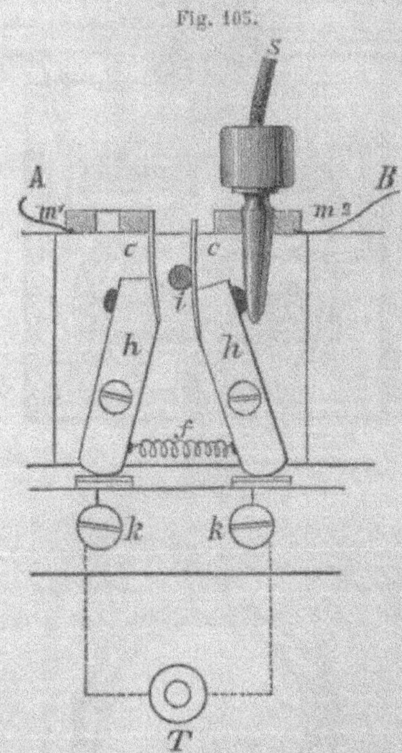

Fig. 105.

donc reliée à la ligne B à travers les blocs de laiton et la bobine T.

Si l'on enfonce une cheville dans le bloc m_2 par exemple, celle-ci appuie sur une butée isolée du levier h et établit le contact entre le ressort c et la borne i, reliée à la terre.

La communication entre la ligne *B* et le téléphone *T* est rompue en même temps que la ligne *A* est mise à la terre, à travers le téléphone *T* : la ligne *A* peut donc toujours appeler le bureau central.

Ce système se prête surtout bien aux installations de moindre importance, lorsque toutes les lignes peuvent trouver place sur une seule table. Une table porte quatre cents blocs de laiton ; le service se fait au moyen de quatre récepteurs multiplex, c'est-à-dire qu'il nécessite quatre employés. Pour un plus grand nombre de lignes, il faut recourir aux tableaux multiples.

Commutateur pour lignes doubles.

Lorsque dans un réseau téléphonique on n'emploie que des circuits fermés, comme cela a lieu à Paris, les abonnés étant reliés au bureau central par deux fils, les commutateurs doivent être construits de façon que l'on puisse par une seule manœuvre relier les deux fils d'un abonné A aux deux fils d'un autre abonné B. Les tableaux dont il est fait usage à Paris, sont d'une construction analogue à celle que nous avons décrite page 186, à propos des réseaux à un seul fil ; la figure 106 représente la vue extérieure d'un de ces tableaux. Les annonciateurs, dont la figure 107 donne le détail, sont rangés par groupes de vingt-cinq, dans des panneaux séparés. Au-dessous des annonciateurs se trouvent, dans le même ordre, les trous destinés à recevoir les chevilles. Les trous que l'on voit à la partie inférieure du tableau, servent à relier entre eux les différents tableaux d'un même bureau.

La construction des contacts à chevilles représente la partie originale du système. Chaque contact se compose de deux plaques de cuivre isolées l'une de l'autre par une cale en ébonite ; c'est à ces plaques que viennent aboutir les deux fils d'une même ligne. Les deux plaques de cuivre sont

Fig. 106.

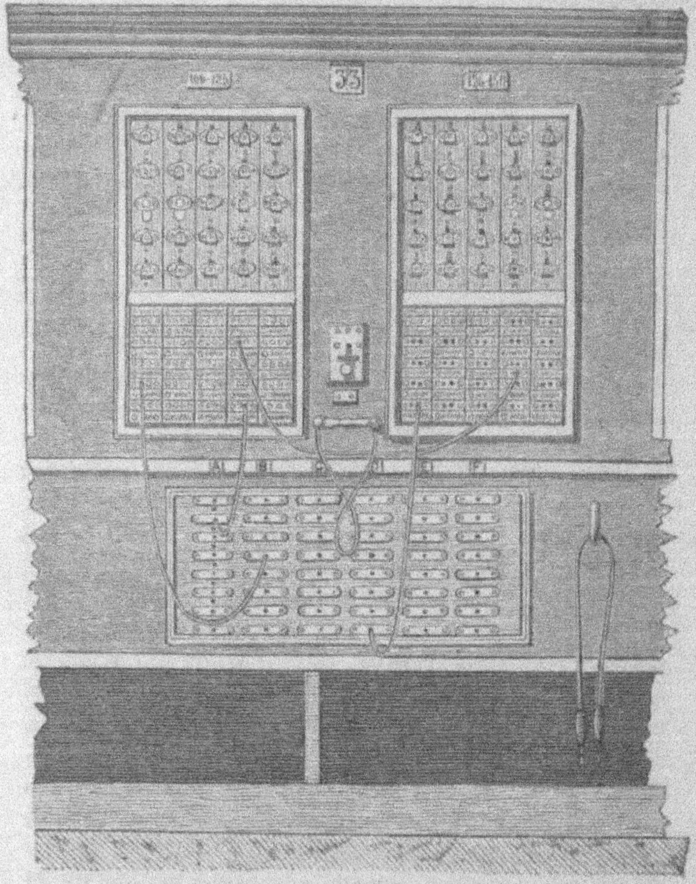

placées l'une derrière l'autre et présentent des ouvertures rondes de différents diamètres : le trou de la plaque anté-

rieure est plus grand que celui de la plaque postérieure. La
cheville est formée par deux cylindres en laiton concentriques, isolés l'un de l'autre et de longueur inégale. Le
cylindre intérieur a une longueur plus grande et un diamètre plus petit que le cylindre extérieur ; le premier
pénètre à frottement doux dans le trou de la plaque postérieure, tandis que le second présente un diamètre correspondant au trou de la plaque antérieure. Les cordons
souples sont à deux brins, l'un des brins est relié au cylindre

Fig. 107.

extérieur, l'autre au cylindre intérieur de la cheville. La
figure 108 qui représente le schéma de ce dispositif permet
de se rendre aisément compte de la façon dont s'établissent
les communications. Pour la plus grande commodité du
dessin nous avons supposé les deux plaques placées non pas
l'une derrière l'autre mais l'une au-dessous de l'autre ; la
plaque qui occupe le haut de la figure représente la plaque
antérieure, l'autre la plaque postérieure. Chaque plaque est
munie de deux ouvertures égales disposées côte à côte. La
plaque antérieure porte enfin un ressort f qui en temps nor-

mal est en contact avec la tige i isolée de la plaque. C'est entre cette tige i et la plaque postérieure que se trouve intercalé l'annonciateur A. Une projection en ébonite, solidaire du ressort f, pénètre en temps normal dans le trou de gauche.

Quand on enfonce une cheville dans ce trou on déplace de bas en haut la tige en ébonite et en même temps le ressort f qui cesse d'être en communication avec le contact i et par suite avec l'annonciateur. Le but du dispositif que nous

Fig. 108.

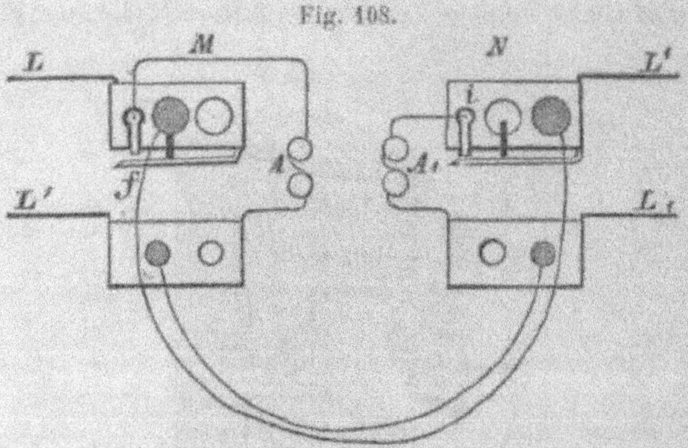

décrivons ici est de ne jamais laisser en circuit qu'un seul des deux annonciateurs ; on a soin en effet, toutes les fois qu'on établit une communication, de mettre une des chevilles du cordon souple dans le trou de gauche et l'autre dans le trou de droite des plaques correspondantes aux abonnés que l'on veut relier (sur notre dessin les trous couverts de hachures sont ceux occupés par les chevilles). L'un des fils du cordon souple relie entre elles les plaques de devant, l'autre les plaques de derrière, de telle sorte que les lignes L, L_1 - L_1', L' forment un circuit métallique fermé. On remarquera que l'annonciateur se trouve en dérivation sur le circuit ; on est obligé de faire ainsi si l'on veut placer les deux fils dans des conditions identiques et éviter toute espèce d'induction sur un troisième fil.

Appareils de service dans les bureaux centraux.

Les bureaux centraux emploient pour le service intérieur plusieurs appareils accessoires parmi lesquels nous nous bornerons à mentionner les principaux.

Fig. 109.

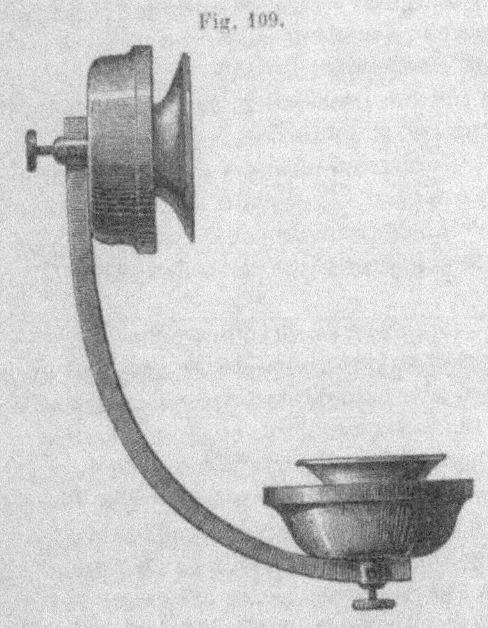

Pour la correspondance téléphonique on emploie en général les mêmes appareils que dans les postes des abonnés. Quelquefois cependant on fait usage de dispositifs spéciaux, tel est celui de la figure 109, connu sous le nom de *micro-téléphone*. Cet appareil se compose d'un téléphone *Ponny* et d'un microphone Edison. L'aimant permanent du télé-phone sert en même temps de poignée ; il est recourbé de façon que le téléphone se trouve appliqué contre l'oreille lorsqu'on place le microphone devant la bouche. Il est surtout utile d'employer cet appareil lorsque toute la surface des tableaux de commutation doit demeurer libre et que l'employé a besoin d'une certaine latitude de mouvements : c'est le cas des tableaux multiples.

Dans les grands bureaux centraux où le service est extrêmement chargé on emploie fréquemment une autre forme de téléphone : le téléphone serre-tête. C'est également un téléphone *Ponny* (voir figure 5, page 16) dont l'aimant se termine par une lame d'acier flexible ; l'employé se coiffe de cet appareil et garde ainsi le téléphone constamment à l'oreille. Comme transmetteurs on fait dans ce cas usage de microphones fixes. L'employé a ainsi les deux mains libres pour établir les communications ; avec les tableaux multiples cela est très important au point de vue de la rapidité du service.

Pour les appels on se sert d'une petite machine magnéto ou dynamo-électrique qui peut être mue par un moteur à eau. Si l'on n'a aucune force motrice à sa disposition on peut pour les sonneries à courants alternatifs, employer l'inverseur de pôles. Cet appareil se compose de deux parties distinctes : *l'inverseur de courant* qui relie alternativement la ligne au pôle positif et au pôle négatif de la pile et le *vibrateur* qui entretient le mouvement de l'inverseur de courant. La figure 110 représente la vue extérieure et la figure 111 le schéma de l'inverseur de pôles. Le vibrateur se compose d'un électro-aimant polarisé E dont le circuit est fermé et ouvert alternativement par une armature mobile. La pile b qui anime cet électro-aimant (un seul élément Leclanché suffit) doit être montée de façon à exercer une action contraire à celle de l'aimant permanent. Dans ces conditions l'armature, alternativement repoussée et attirée par l'aimant permanent, se trouve animée d'un mouvement

Fig. 110.

Fig. 111.

Fig. 111 a.

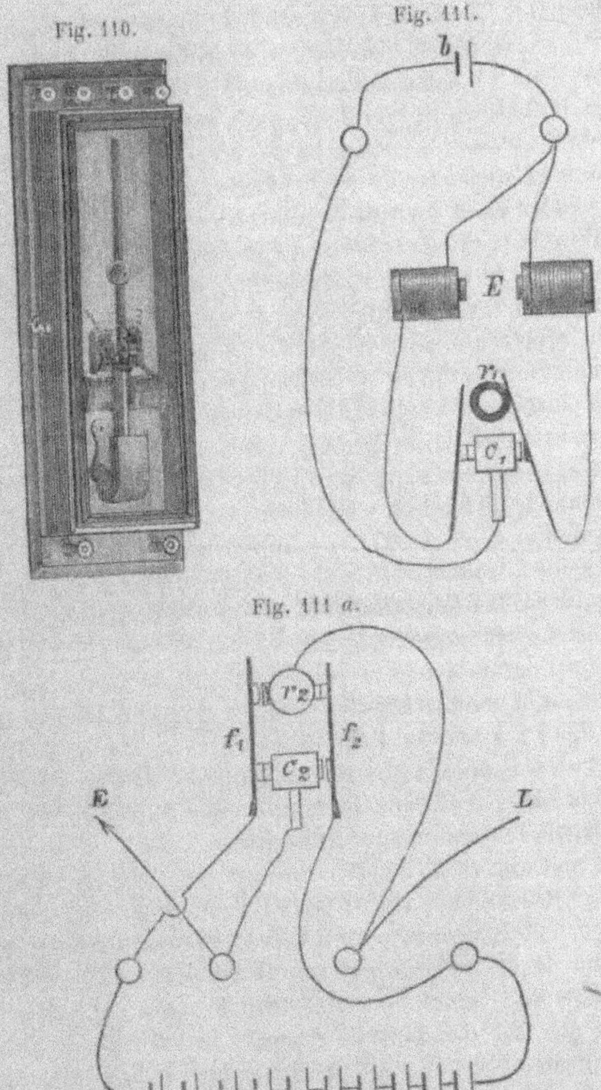

vibratoire. L'armature est solidaire d'un balancier qui porte un poids de réglage permettant de faire varier la durée des vibrations. Ce balancier commande non seulement le contact variable c_1 du vibrateur, mais encore les contacts r_1 et c_2 de l'inverseur de pôles. La pièce r_2 (fig. 111 a) se meut avec le balancier tandis que la pièce c_2 est fixe dans l'espace. Les pôles de la batterie B sont reliés aux ressorts f_1 et f_2. Suivant la position du balancier les contacts qui se produisent sont f_1 c_2 et f_2 r_2 ou bien f_1 r_2 et f_2 c_2, d'où une succession rapide d'inversions de courant. Dans la figure on a représenté pour la plus facile intelligence du dessin, l'un au-dessous de l'autre les contacts r_1 et r_2 qui en réalité sont placés côte à côte sur le balancier.

Lorsque des lignes doubles viennent aboutir au bureau central et que ces lignes sont reliées aux lignes simples par la méthode de Bennel, c'est-à-dire au moyen d'une bobine d'induction (voir p. 127), les appels ne peuvent être faits que grâce à un dispositif spécial. Si l'émission d'un courant continu suffit à faire tomber la plaque de l'annonciateur, on se borne à employer le schéma de la figure 112. La clef T établit normalement la communication entre le fil 2 de la boucle et le contact a ; le contact a est relié d'autre part à la ligne 1 à travers l'annonciateur et la bobine J. Pour appeler on appuie la clef sur le contact b et l'on intercale ainsi la batterie B dans la boucle. Sur la figure 112, U représente le commutateur à cheville.

On voit que c'est le bureau central qui, avec ce système, doit toujours appeler. M. Elsasser a indiqué un montage qui permet également aux différents postes d'appeler : le schéma de ce montage est représenté sur la figure 113. Chacune des lignes du translateur T passe à travers un relais R_1, R_2. Le courant d'appel de l'abonné L attire l'armature du relais R_2 et intercale dans la boucle la batterie B_2. Si au contraire, c'est l'abonné de la ligne double qui envoie un courant, le relais R_1 fonctionne et la batterie B_1 est intercalée dans la ligne de l'abonné L.

Fig. 112.

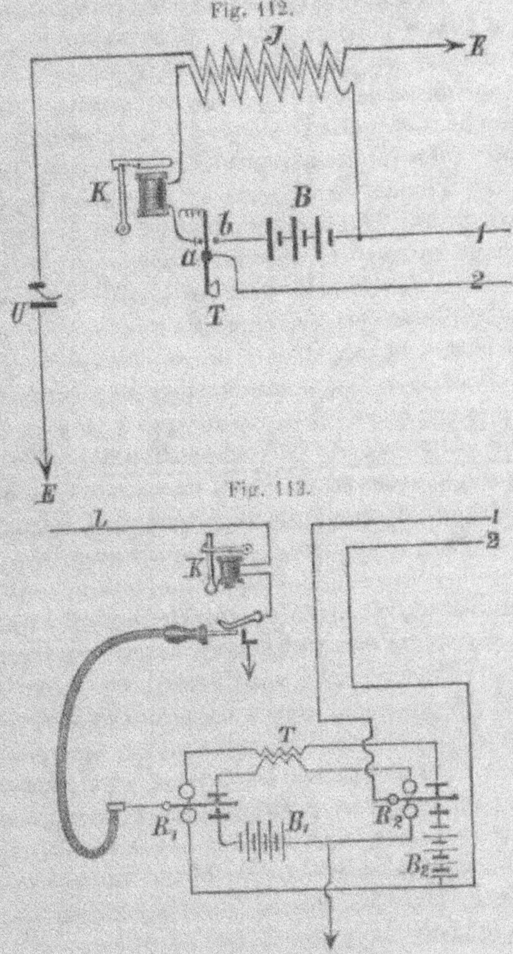

Fig. 113.

Il faut également, lorsque les appels se font au moyen de courants alternatifs, recourir à des dispositifs spéciaux, surtout si l'on emploie le système van Rysselberghe, car dans ce cas, les courants de charge et de décharge qui passent à travers les dérivateurs et les translateurs, sont tellement faibles qu'ils ne peuvent ni déclancher une plaque d'annonciateur, ni actionner une sonnerie. Les courants agissent alors sur *l'appel phonique*, construit par van Rysselberghe. Cet appareil consiste tout simplement en un téléphone, dont la membrane ferme et ouvre alternativement un circuit local. Dans ce circuit se trouve un annonciateur dont la plaque tombe sitôt que la membrane téléphonique entre en vibration. La courbe qui représente les variations de courant dans un générateur magnéto-électrique ordinaire est trop régulière pour que l'on puisse, à travers le translateur, obtenir des impulsions énergiques. On modifie dans ce cas, la construction du générateur suivant le principe que nous avons indiqué à la page 59, de façon à ne mettre la ligne en communication avec le générateur, qu'au moment où l'intensité du courant est maxima. On peut également employer un interrupteur automatique (vibrateur) avec une batterie ou un inverseur de pôles. L'inverseur de pôles est d'une application très judicieuse ici, car il produit des variations de courant extrêmement brusques. Mais ces variations exercent une induction très énergique sur les fils voisins et ceci peut devenir un inconvénient sérieux. Il y a cependant moyen de remédier à cet inconvénient en n'ouvrant jamais le circuit que sur une résistance très grande : on évite ainsi les fâcheux effets des extra-courants. La figure 114 représente le schéma complet d'une installation de bureau central, dans le cas de deux lignes télégraphiques réunies en boucle suivant le système van Rysselberghe. Pour les détails de cette installation, nous renvoyons le lecteur à la page 144 et suivantes.

Dans certains cas, il y a grand intérêt à relier au bureau central par un seul fil plusieurs postes téléphoniques. Si

deux ou plusieurs postes peuvent, sans s'influencer mutuel-
lement, se servir d'un même fil, les frais de première installation seront évidemment d'autant moindres. Lorsqu'on

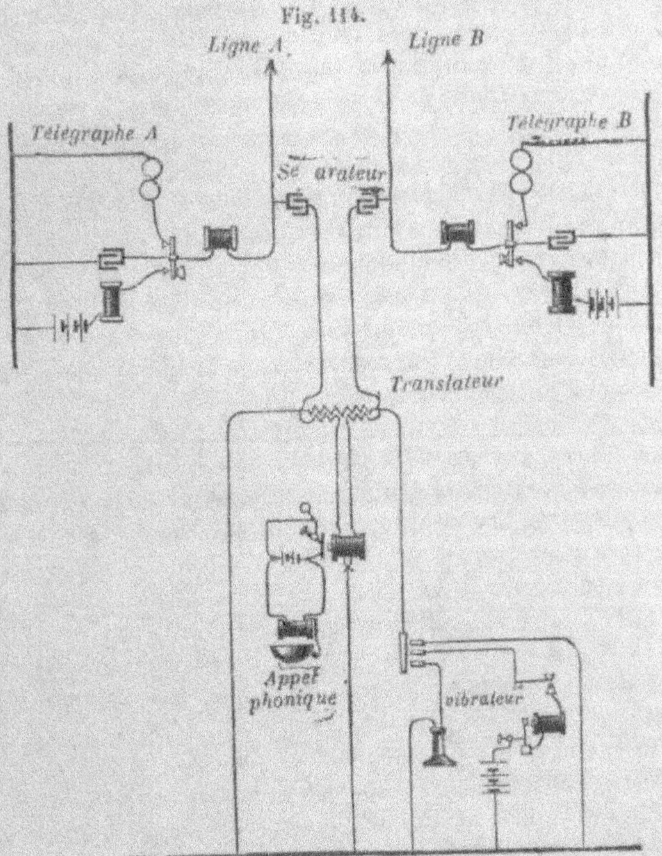

Fig. 114.

a, d'ailleurs, plusieurs abonnés placés dans le voisinage les
uns des autres et à une *grande distance* du bureau central
on ne peut de toutes façons, à cause de l'induction mutuelle
des fils, employer plus d'une ligne et dans ce cas, il n'y

aurait aucun avantage à poser autant de lignes qu'il y a de postes. On fera alors de l'un des postes considérés un petit bureau central, auquel on reliera, par des fils de faible longueur, tous les autres postes. Le poste qui fait office de bureau local est relié au bureau central du réseau, par un seul fil ; il est muni d'un commutateur analogue à celui du bureau central, afin de pouvoir donner à volonté la communication à l'un quelconque des postes avec lesquels il est relié.

La figure 115 représente un appareil de ce genre, système Gilliland, pour le service de vingt lignes ; dans l'appareil de la figure 116, construit pour dix lignes, les connexions se font au moyen de cordons souples. Quand le nombre des postes placés dans ces conditions particulières est relativement considérable, le procédé que nous indiquons ici est certainement le plus avantageux ; mais lorsqu'on n'a affaire qu'à un nombre restreint de postes, la dépense nécessitée par un employé spécial, chargé de la manœuvre du commutateur, est moins justifiée. Ce qui, dans ce cas, paraît indiqué, c'est un appareil qui, automatiquement, sans le secours d'aucun employé, établisse et rompe la communication avec le bureau central.

Cet appareil doit satisfaire à deux conditions :

1° Il doit permettre en premier lieu à l'un quelconque des postes auxquels il est relié, d'appeler en tout temps le bureau central sans déranger les autres postes.

2° Il doit en second lieu, permettre au bureau central de relier automatiquement l'un quelconque des postes considérés au fil qui va au bureau central, sans déranger les autres postes.

Ce problème a déjà reçu différentes solutions ; les plus connues sont celles imaginées par MM. Ericson, Œsterreich et Bartelous. La figure 117 montre le schéma d'un commutateur de ce genre. Pour la plus grande simplicité

du dessin, une seule ligne d'abonné L a été représentée.
Chacune de ces lignes L aboutit à un relais polarisé R.
L'armature de ce relais vient appuyer sur le contact a ou

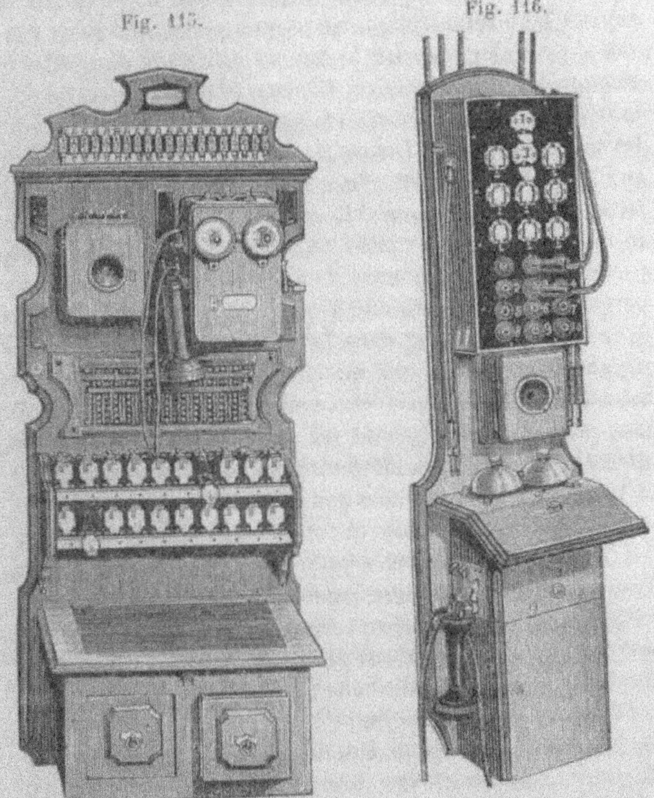

Fig. 115.   Fig. 116.

sur le contact b, suivant que l'hélice est traversée par un
courant négatif, ou par un courant positif. Le contact a est
relié à la terre : c'est le contact de repos. Le contact b communique avec la ligne C, qui se rend au bureau central.

Chaque poste d'abonné est muni de deux boutons d'appel, un bouton blanc et un bouton noir. En appuyant sur le bouton blanc, on envoie un courant positif dans le bureau local ; l'armature du relais correspondant se place sur le contact b et relie la ligne au bureau central. Le poste considéré peut alors appeler le bureau central et demander la communication qu'il désire. Lorsque la conversation est terminée, l'abonné appuie sur le bouton noir ; un courant négatif traverse le relais R, l'armature vient se placer de nouveau, sur le contact a, mettant ainsi la ligne de l'abonné à la terre et laissant la ligne C libre, pour les autres postes du même groupe. Nous venons de voir comment les différents postes pouvaient communiquer avec le bureau central. Pour permettre au bureau central d'appeler les abonnés, on dispose dans le bureau local et dans le bureau central, deux mécanismes d'horlogerie, qui marchent synchroniquement. Le mécanisme d'horlogerie est mû par l'électro-aimant E. Lorsque cet électro-aimant est traversé par des courants alternatifs, l'armature, alternativement attirée vers la droite et vers la gauche, entraine par l'intermédiaire d'une ancre ordinaire, une roue dentée et pour une oscillation complète, fait avancer celle-ci d'une dent. La roue dentée porte un frotteur qui glisse sur une bague métallique, divisée en un certain nombre de secteurs. Ces secteurs sont isolés les uns des autres et reliés aux lignes L des différents postes. Lorsque du bureau central on veut appeler un poste L on fait avancer les frotteurs jusqu'à ce qu'ils viennent se placer sur les secteurs correspondant au poste que l'on se propose d'appeler. Chaque secteur communique également, ainsi qu'on le voit sur la figure 117, avec le relais R. Si, dans ces conditions, le bureau central envoie dans la ligne un fort courant positif, l'armature du relais s'applique contre le contact b et la ligne L se trouve reliée au bureau central, par la ligne C. Il est même facile de voir que les lignes L et

C sont reliées à ce moment par deux fils distincts, mais ces fils étant isolés de toutes les autres lignes, cela n'offre aucun inconvénient. La conversation terminée, le bureau central ou l'abonné envoie dans le circuit un fort courant négatif qui ramène l'armature du relais à sa position de repos et remet la ligne *L* à la terre.

Il faut, dans ce système, prévoir un dispositif destiné à rétablir le synchronisme des frotteurs, au cas où pour une raison quelconque, ce synchronisme aurait été détruit ; il faut de plus, éviter qu'un deuxième abonné se relie à la

Fig. 117.

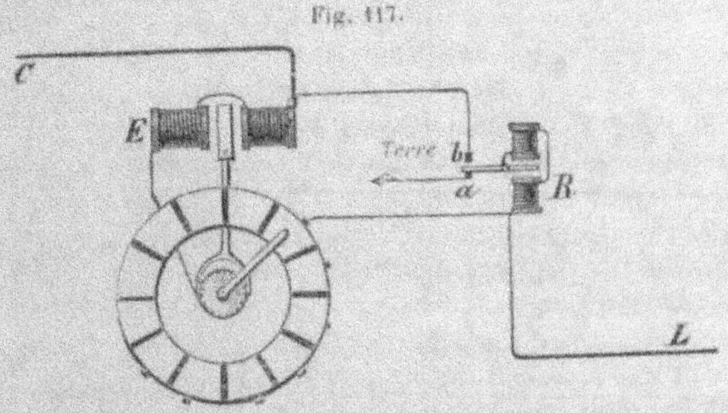

ligne *C*, quand cette ligne est déjà occupée par un premier abonné. Ce sont là des détails de construction, dans lesquels nous ne pouvons entrer ici. De toutes façons, c'est un appareil assez compliqué et il serait imprudent de le mettre en un endroit où il ne pourrait être l'objet d'une surveillance continue. En général, il est préférable de faire les communications au moyen d'appareils aussi simples que possible et de confier ce soin à une personne que sa situation met à même de se charger de cette fonction ; ces personnes sont d'ailleurs toujours faciles à trouver.

Lorsque les postes que l'on se propose de relier au bureau

central, sont éloignés les uns des autres, l'emploi d'une sorte de bureau intermédiaire, tel que ceux qui viennent d'être décrits, ne présente plus aucun intérêt. Il devient alors avantageux de placer les postes en série, sur une même ligne. S'il ne s'agit que de deux postes, le problème est très simple et nous en avons déjà donné plusieurs solutions, basées sur l'emploi des sonneries polarisées (voir p. 90). Mais dès qu'il s'agit de mettre en série un plus grand nombre de postes, il faut recourir à des appareils spéciaux, surtout si l'on prévoit des communications fréquentes et que l'on s'impose la condition que l'appel fait à un poste ou par un poste, ne trouble aucun des autres postes de la même ligne. La solution la plus simple, consiste à placer tous les postes en série, de telle sorte qu'un signal quelconque soit entendu par tous les postes. Chaque poste répondra à un signal déterminé ; le premier par exemple, à un signal bref, le second à un signal long, le troisième à deux signaux courts, etc. Ce système est évidemment peu commode au point de vue de l'appel ; il offre de plus l'inconvénient de permettre à l'un quelconque des postes d'écouter la conversation de tous les autres postes.

Si l'on veut éviter ces inconvénients, il faut employer un appareil qui satisfasse aux conditions suivantes :

Chacun des postes doit pouvoir être appelé par le bureau central. Tous les autres postes doivent être montés de façon à ne pas être troublés par cet appel. Il faut que l'un quelconque des appareils, placés en série sur une même ligne, puisse voir si la ligne est libre ou non. Il faut enfin que chaque poste puisse appeler le bureau central, sans actionner en même temps les sonneries des autres postes. Des appareils de ce genre ont été construits par MM. Elsasser, Careyn et Hartmann-Braun de Francfort. Nous allons décrire le système employé en Amérique, par la *Stabler Individual Telephone Call C°*, système qui a reçu la

sanction de la pratique. Voici en quoi consiste essentiellement
ce système :

Chacun des postes montés sur une même ligne, reçoit un
mécanisme d'horlogerie qui fait marcher un frotteur. Du
bureau central on fait avancer simultanément, par saccades,
les frotteurs de tous les appareils. Si l'on considère un poste
quelconque, ce poste n'est relié à la ligne que pour une
position déterminée du frotteur correspondant ; pour toutes

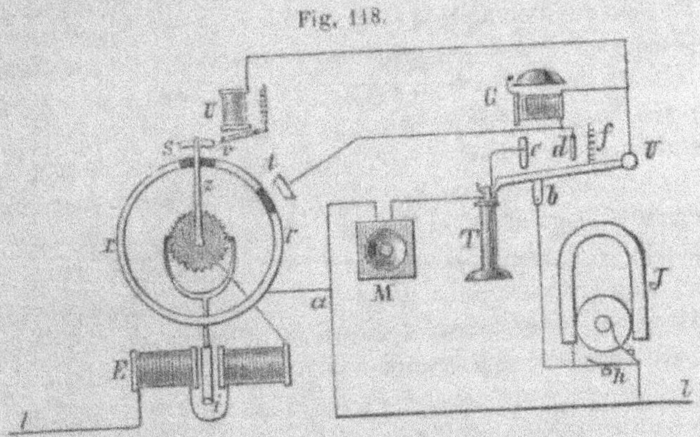

Fig. 118.

les autres positions, le poste est détaché de la ligne. Comme
d'autre part, les positions des frotteurs, pour lesquelles les
différents postes sont reliés à la ligne, sont différentes si on
les rapporte à une origine commune, il est évident que
jamais deux postes ne pourront se trouver simultanément
rattachés à la ligne. La figure 118 représente le schéma
d'un poste. Le frotteur z glisse sur l'anneau métallique r,
avec lequel il établit un contact électrique. Ce frotteur est
fixé sur une roue dentée que les oscillations d'une ancre
commandée par l'armature de l'électro-aimant E font avancer
par saccades. L'électro-aimant est intercalé dans la ligne l ;
l'armature qui porte l'ancre est mobile autour de l'axe i.

Quand on envoie dans la ligne une série de courants alternatifs, chaque impulsion de courant fait avancer d'une dent les frotteurs de tous les postes ; tous les frotteurs se déplacent donc synchroniquement sur l'anneau r et reviennent en même temps à leur position de repos. Au point de vue des communications électriques, les frotteurs peuvent occuper trois positions différentes. En dehors de l'anneau r, sur lequel le frotteur glisse ordinairement, se trouvent deux secteurs en laiton s et t, que le frotteur doit venir toucher une fois pendant un tour complet. Les portions de l'anneau r placées en regard de ces secteurs sont isolées de sorte que le frotteur se trouve en contact avec r, avec s ou avec t, mais jamais en même temps avec deux de ces pièces. Si le frotteur est en contact avec r, le courant passe de a à la ligne l, de là au deuxième poste, puis au troisième et ainsi de suite jusqu'au dernier poste, qu'il quitte pour se rendre à la terre. Lorsque le frotteur est en contact avec le secteur t, on a un circuit continu en partant de la ligne l et en passant par la sonnerie G, le commutateur U, les ressorts b et h et enfin la ligne l qui se rend aux postes suivants. Dans cette position, le poste considéré est relié au bureau central, qui peut actionner la sonnerie G. Pour l'appel il faut employer des courants qui n'affectent pas le mécanisme d'horlogerie, c'est-à-dire des courants continus, ce qui est facile à réaliser en appliquant au générateur magnéto-électrique le dispositif que nous avons indiqué à la page 59. Lorsque l'appel du bureau central a été entendu, l'abonné prend son téléphone à la main ; le crochet U obéit aussitôt à l'action du ressort f et quittant le contact b, vient appuyer sur les contacts c et d. La sonnerie est mise en court circuit ; la ligne l passe par le téléphone T et le microphone M du poste, et la conversation peut s'engager. Quand celle-ci est terminée, on remet le téléphone en place et l'on donne le signal de la fin de la conversation au moyen du générateur magnéto-électrique J.

Le générateur est mis en circuit en soulevant le bouton *h*. Il doit d'ailleurs être pourvu d'un redresseur de courants, sans quoi le mécanisme du frotteur se trouverait affecté par l'envoi de ce signal.

Dès que le bureau central a reçu le signal de la fin de la communication, il ramène les frotteurs de tous les postes à leur position normale, qui est celle où ils sont en contact avec le troisième secteur *s*. A cet effet, l'employé envoie dans la ligne une série de courants alternatifs, qui font avancer tous les frotteurs jusqu'à ce qu'ils soient venus se placer sur le secteur *s*. Il est à remarquer que les frotteurs ne peuvent dépasser ce secteur à cause de l'arrêt *v*, fixé à l'armature de l'électro-aimant *U*. Si, pour une raison quelconque, l'un des frotteurs est en retard sur les autres, on est néanmoins certain qu'au bout d'un certain temps, ce frotteur sera venu lui aussi buter contre l'arrêt *v* et l'on est sûr de ramener, après chaque communication, tous les frotteurs à l'origine commune du mouvement. Ceci fait, si l'on veut de nouveau appeler un des postes de la ligne, il faudra évidemment commencer par déclancher les frotteurs qui se trouvent en prise avec l'arrêt *v* ; ce déclanchement s'opère au moyen de l'électro-aimant *U*. Le bureau central envoie dans la ligne un courant d'une intensité suffisante pour que les électro-aimants *U* attirent leurs armatures, ce qui a pour effet de déclancher les frotteurs et rend les roues dentées libres de se mouvoir.

Quand un des abonnés veut appeler le bureau central, il doit s'assurer avant tout que la ligne n'est pas déjà occupée ce dont il se rend compte par l'inspection seule de son indicateur. Il faut en effet que celui-ci occupe la position de repos. L'abonné n'a alors qu'à appuyer sur le bouton d'appel et à décrocher son téléphone pour communiquer avec le bureau central. La figure 119 donne la vue extérieure d'un des postes que nous venons de décrire. On remarque, sur le devant de la boîte, l'indicateur mobile sur un cercle divisé et au-dessus la sonnerie à courant continu.

La figure 120 est une vue perspective du commutateur automatique que construit la maison Hartmann et Braun

Fig. 119.

de Francfort-sur-le-Mein. L'appareil de la figure 120 suppose cinq postes placés en série sur la même ligne. Les différentes commutations ne se font pas toutes automatiquement par le simple jeu du levier auquel est accroché le téléphone ; l'appareil est encore muni d'un commutateur à manivelle auquel on fait occuper quatre positions différentes, correspondant aux divers cas qui se présentent : repos, appel, etc.

Une autre méthode permettant de placer en série plu-

Fig. 120.

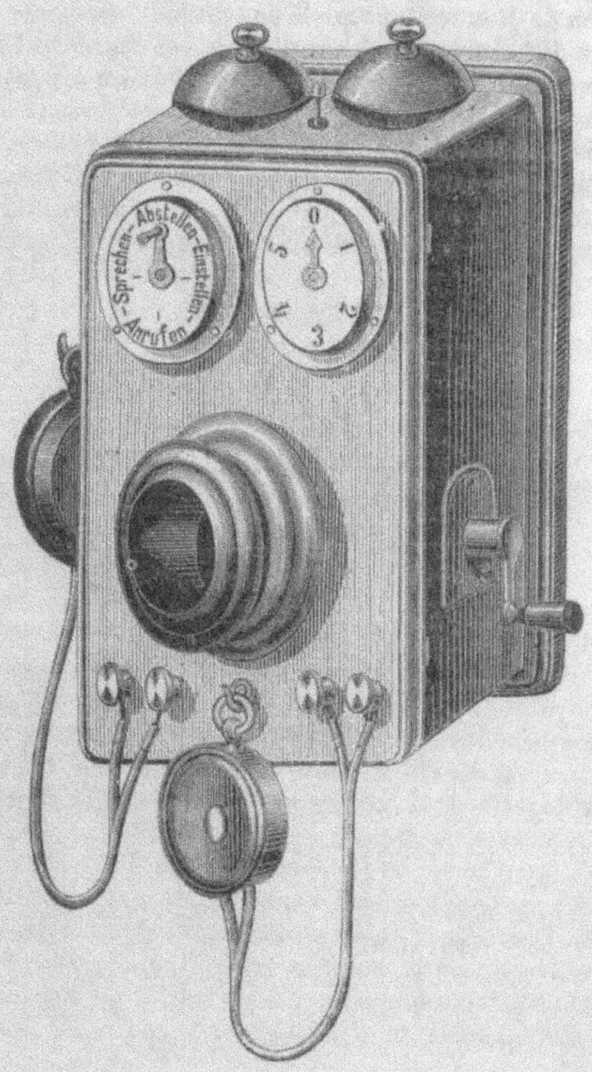

sieurs postes est due à MM. Maiche et D. Tommasi. Chaque poste reçoit un appareil spécial qui est une combinaison de deux relais polarisés de sensibilité différente. La figure 121 donne le schéma d'un de ces appareils. Si le courant émis par le bureau central et qui arrive par L dans le poste considéré est assez fort pour attirer l'armature du relais A et trop faible pour attirer celle du relais B, le téléphone S se trouve relié à L tandis que toute la partie de la ligne placée derrière le poste est isolée. Si au contraire le courant est assez fort pour attirer les armatures des deux

Fig. 121.

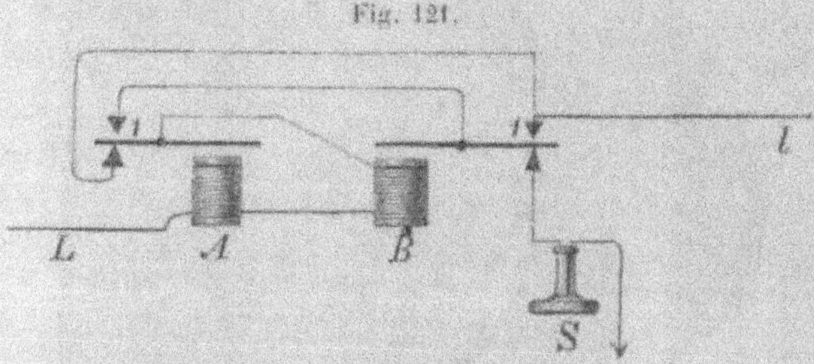

relais, le téléphone S reste hors circuit et la ligne passant par les deux contacts supérieurs des relais A et B se rend au poste suivant. La sensibilité des relais dans les différents postes doit être réglée suivant une certaine méthode. Supposons qu'il s'agisse de mettre en série quatre postes 1, 2, 3, 4; le relais A du premier poste devra être le plus sensible et fonctionner avec un courant de 10 milli-ampères environ. Le relais B du premier poste et le relais A du second poste sont sensibles à un courant de 20 milli-ampères. Les relais B_2 et A_3 sont sensibles à un courant de 30 milli-ampères et enfin les relais B_3 et A_4 à un courant de 40 milli-ampères. Si l'on envoie un courant de 40 milli-ampères dans la ligne, les armatures des relais A_1 et B_1 seront attirées et le téléphone du poste 1 se trouvera hors circuit ; il en sera de même pour les relais A_2 et B_2. Mais dans le troisième poste le relais A_3 attirera seul son armature, le relais B_3 n'étant sensible qu'à un courant de 40 milli-ampères. On voit donc que le poste 3 se trouvera relié au bureau central ; les téléphones des postes 1 et 2 seront hors circuit et le dernier poste complètement isolé. A la fin de la conversation toutes les armatures doivent être ramenées à la position de repos par l'émission d'un courant de sens contraire. Un commutateur permet d'ailleurs aux différents postes de se mettre en communication avec le bureau central, les appels se faisant au moyen de courants qui n'affectent pas les relais polarisés.

IV. — APPENDICE

La distribution de l'heure au moyen du téléphone.

Étant donné un réseau téléphonique, une idée qui se présente naturellement à l'esprit est de l'utiliser à transmettre l'heure au lieu de recourir à un réseau spécial. On peut transmettre l'heure aux abonnés par deux procédés différents, les signaux optiques et les signaux acoustiques. Dans le premier cas il faudrait que chaque abonné reçût une horloge sympathique mue par l'électricité dont la marche serait réglée par des émissions de courant venant du bureau central. On pourrait dans ce cas graduer les impulsions de courant par la méthode de van Rysselberghe, en sorte qu'elles n'affecteraient pas les téléphones. Ce mode de transmission de l'heure ne présenterait aucune difficulté sérieuse. Si cette idée n'a pas encore reçu d'application pratique cela tient sans doute uniquement à ce que les frais de première installation seraient considérables ; le service serait également assez onéreux car il faudrait, par suite de la grande résistance des lignes, de fortes batteries de piles.

Ces inconvénients disparaissent quand on a recours aux signaux acoustiques. La méthode des signaux acoustiques est employée par la *National Time Regulating* C° de Boston et la *New England Telephone* C° de Lowell (Massachussetts). L'appareil qui donne l'heure est un cylindre muni de dents, comme les cylindres des boîtes à musiques. Contre ce cylindre vient frotter un levier de contact qui s'élève ou s'abaisse suivant qu'il appuie sur une dent ou sur la surface même du cylindre ; le mouvement de ce levier est utilisé pour fermer ou ouvrir le circuit d'une pile. Les dents du cylindre, qui sont placées dans un même plan normal à l'axe et qui par conséquent, pour un tour complet, viennent toutes se mettre en contact avec le frotteur forment trois groupes. Les dents du premier groupe donnent les heures, celles du second groupe les dizaines de minutes et enfin celles du troisième groupe les minutes. Le levier de contact se déplace le long du cylindre par le jeu d'un électro-aimant. Toutes les minutes, une horloge électrique envoie un courant dans cet électro-aimant et au moyen d'une crémaillière, déplace parallèlement à l'axe du cylindre le frotteur d'une quantité égale à l'intervalle qui sépare deux cercles dentés consécutifs. La même impulsion de courant déclanche un moteur électrique mis en mouvement par une batterie de piles ; ce moteur fait faire un tour au cylindre et le frotteur passe successivement sur toutes les dents du cercle devant lequel il se trouve placé à ce moment.

Le frotteur est relié à la ligne de terre de tous les abonnés au téléphone, qui sont en même temps abonnés à la distribution de l'heure. Si donc un de ses abonnés porte à l'oreille son téléphone, au moment où le cylindre tourne, il entend trois groupes de signaux brefs, mais faciles à distinguer et séparés par des temps de pose, relativement longs. Supposons par exemple qu'il compte deux, puis trois, puis

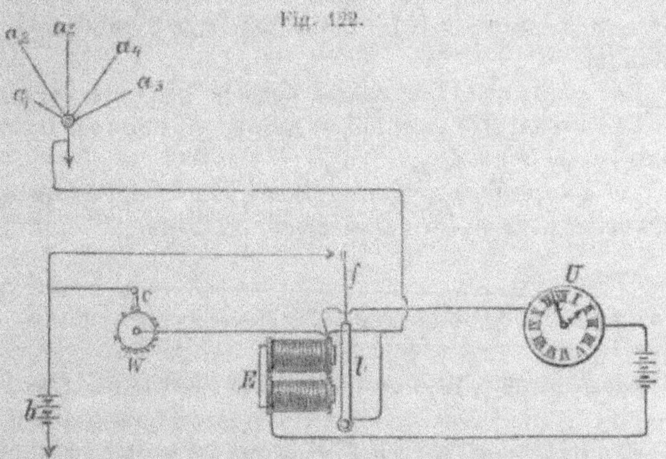

Fig. 122.

neuf : il sait que cela veut dire 2 heures 39 minutes. Cette opération a lieu une fois par minute. La figure 122, donne le schéma du système. Dans cette figure, U représente l'horloge qui toutes les minutes envoie un courant dans l'électro-aimant E. L'électro-aimant attire son armature l et celle-ci en se déplaçant fait avancer, par l'intermédiaire d'une transmission très simple (cette transmission n'est pas représentée sur la figure), le frotteur C d'une dent le long du cylindre W. En même temps, une lame élastique f fixée à l'armature l, met à la ligne la pile b. Comme cette lame est élastique et que l'attraction de l'armature se fait brusquement, elle vibre pendant un laps de temps très court, ce qui produit une succession rapide d'ouvertures et de fermetures du circuit ; l'abonné qui a le téléphone à l'oreille, entend un bruit sourd, indiquant que l'heure va être immédiatement transmise. L'armature l a encore une troisième fonction ; elle déclanche le moteur qui fait faire un tour complet au cylindre ; toutes les dents viennent successivement frotter contre le levier de contact et envoient dans la ligne le nombre voulu d'émissions de courant.

Les coups que l'on entend dans le téléphone doivent naturellement être assez faibles pour ne pas nuire à la transmission de la parole.

Les Compagnies que nous citions plus haut, font payer un dollar par an pour l'abonnement à l'heure.

Le téléphone dans le service des chemins de fer.

Le téléphone a reçu de nombreuses applications dans le service des chemins de fer. On a reconnu qu'il était d'un emploi très avantageux au point de vue du service intérieur des grandes gares et même dans l'exploitation des lignes locales, cependant on lui préfère pour le service des grandes lignes et surtout pour la transmission des ordres brefs et importants, le télégraphe qui est plus sûr et dans certain cas même plus rapide.

Il a été fait, dans cet ordre d'idées, une application nouvelle et particulièrement importante du téléphone : nous voulons parler de la communication avec les trains en marche. Grâce à l'emploi du téléphone, on peut aujourd'hui télégraphier et téléphoner à un train en marche ; le personnel du train est constamment en relation avec celui de la gare et les voyageurs peuvent pendant le trajet envoyer et recevoir des dépêches. Cette application merveilleuse est basée sur les lois de l'induction ; elle est due à Phelps et à Edison. Phelps utilise l'induction électrodynamique et Edison l'induction électrostatique : les deux systèmes sont d'ailleurs entrés dans la pratique aux États-Unis.

Dans le système Phelps, le fil qui sert à la correspondance est placé entre les deux rails et logé dans un canal en bois, qui le met à l'abri des dégradations extérieures. Sous le wagon qui renferme le bureau télégraphique mobile, est disposé un long cadre sur lequel on enroule une grande quantité de fil de cuivre ; ce cadre passe entre les roues du wagon. L'enroulement se compose de cent spires environ et représente une longueur de fil de deux kilomètres et demi. Ce cadre est fixé sous le wagon dans un plan vertical parallèle aux rails et de telle façon que l'un de ses grands côtés soit aussi voisin que possible du conducteur placé dans l'entrevoie. Si ce conducteur est traversé par des courants ondulatoires à variations rapides, des courants semblables prennent naissance par induction dans le fil du cadre et font parler un téléphone placé en circuit. Pour télégraphier on emploie des courants alternatifs, produits soit par un diapason électromagnétique et une bobine d'induction, soit par un inverseur de pôles. Si avec une clef Morse on ouvre et ferme alternativement le circuit, le téléphone fait entendre une succession de sons brefs et longs, correspondant aux signaux de l'alphabet Morse et d'une lecture facile pour un télégraphiste exercé. Phelps a d'ailleurs construit un relais polarisé, très sensible, qui transforme ces courants intermittents et permet d'obtenir des dépêches écrites. Il va sans dire que l'on peut aussi, comme transmetteur, employer un microphone et correspondre en langage télégraphique, en admettant bien entendu que les variations de courant produites par le transmetteur soient suffisamment fortes et les récepteurs assez sensibles. La transmission de la parole même rencontre

certaines difficultés d'un ordre particulier, qui tiennent au
bruit continu que produit un train en marche et aux trépi-
dations des wagons, dont il est bien difficile de rendre les
transmetteurs indépendants.

Le système Edison est basé sur l'induction électrostatique.
Au-dessus du wagon B (fig. 123), qui sert de bureau, ou
mieux encore sur une série de wagons, on fixe des plaques

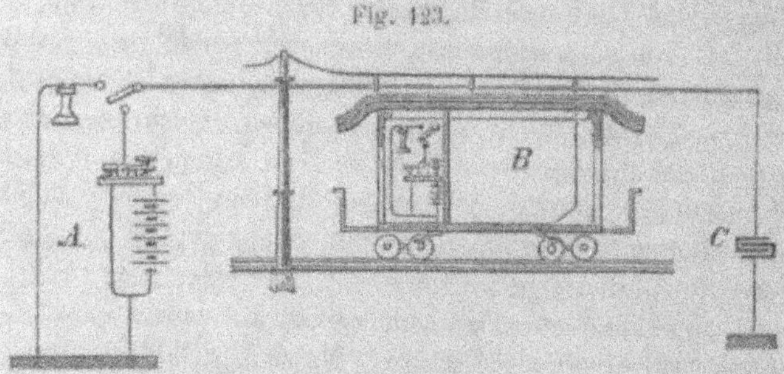

Fig. 123.

métalliques isolées, reliées les unes aux autres ; ces plaques
représentent l'une des armatures d'un condensateur. Les
plaques métalliques communiquent avec l'une des extrémités
d'une bobine d'induction, dont l'autre extrémité est mise à
la terre. Si l'on produit dans la bobine d'induction des
courants ondulatoires énergiques, les plaques placées sur la
toiture des wagons prennent des charges tantôt positives,
tantôt négatives. Ces courants de charge induisent dans les
fils télégraphiques, qui passent au-dessus des wagons, des
courants de charge et de décharge correspondants ; dans
l'une quelconque des stations reliées aux fils télégraphiques,
on peut recueillir les courants ainsi induits au moyen d'un
condensateur ou d'une bobine d'induction et les faire agir
sur un téléphone récepteur. Le transmetteur est, comme dans
le système Phelps, une clef Morse ordinaire, qui sert à

ouvrir et à fermer alternativement le circuit de la bobine
de transmission.

Étant donnée la nouveauté de cette invention, on doit
considérer les résultats déjà obtenus comme très satisfaisants.

En admettant même qu'elle soit en pratique d'une application limitée, en ce qui concerne le service des grandes
lignes, il n'en est pas moins vrai qu'elle contribuera dans
une large mesure à rendre plus sûre et plus commode
l'exploitation des voies ferrées.

CONCLUSION

Maintenant que l'on connaît les conditions techniques
auxquelles doit satisfaire un réseau de téléphones, il est
intéressant de jeter un coup d'œil sur le côté financier de
la question et de se demander si cette industrie est rému-
nératrice. En l'état actuel, je ne pense pas qu'il soit possible
de se prononcer catégoriquement, ni dans un sens, ni dans
l'autre ; la téléphonie industrielle est d'origine trop récente
et l'expérience n'a pas encore assez duré pour nous
fournir des éléments d'appréciation suffisants, aussi nous
bornerons-nous à donner ici quelques renseignements
généraux. Les réseaux de moyenne importance, avec un
nombre de postes n'excédant pas cent, paraissent être les
plus rémunérateurs. Il existe, en Amérique, des Sociétés
qui distribuent à leurs actionnaires 30 0/0 de dividende.
Mais les frais d'exploitation croissent beaucoup plus vite que
le nombre des abonnés ; le prix de l'abonnement est donc
forcément plus élevé dans les grands réseaux que dans les
réseaux moyens et petits ; cette différence tient aussi à ce
que dans le premier cas, chaque abonné représente une
mise de fonds plus grande que dans le second.

EUROPE	Nombre des		PRIX de l'abonnement en francs
	RÉSEAUX	POSTES	
Grande-Bretagne	89	15114	310—560
Londres		4193	560
Allemagne	91	14732	250
Berlin.		4248	250
Italie.	16	8346	190—250
Rome		2054	250
France	20	7175	250—600
Paris		4054	600
Suède	15	5705	190
Stockholm		2326	190
Russie	20	5280	190—600
Suisse	36	4900	170
Belgique	7	3365	190—250
Autriche.	11	3032	250—375
Pays-Bas	8	2493	275
Danemark	2	1370	250
Espagne.	3	594	440
Portugal.	2	350	190—275

AMÉRIQUE	Nombre des Postes	PRIX de l'abonnement en francs
New-York	5252	875
Chicago	3630	750
Cincinnati	2535	560
Brooklyn.	2354	560
Philadelphie.	2310	600
Providence	2462	310
Buffalo	1533	D'après le nombre des communications

Le prix de l'abonnement varie entre des limites assez étendues ; entre 125 et 250 francs, pour les réseaux moyens et entre 500 et 750 francs, pour les grands réseaux. Le tableau ci-contre donne le prix de l'abonnement et le nombre des abonnés dans les principaux pays et dans les principales villes, à la fin de l'année 1885. (Les prix de l'abonnement sont approchés).

Le système qui est adopté à Buffalo et qui consiste à prélever une redevance proportionnelle au nombre des communications est très séduisant. Mais, pour appliquer ce système d'une façon tout à fait générale, il est indispensable d'avoir un appareil très simple et très sûr qui enregistre automatiquement le nombre des communications et permet de connaître à chaque instant ce nombre. On a construit plusieurs appareils de ce genre. La plupart utilisent le mouvement de bascule du commutateur automatique dont est pourvu chaque appareil (voir p. 80) et que l'on est obligé de déplacer deux fois au moins pour chaque communication, une fois pour appeler le bureau central et une fois pour donner le signal de la fin de la conversation. Un compteur enregistre ces mouvements et permet ainsi de se rendre un compte approché du nombre des communications. La *Pan Electric Telephone Company* de Saint-Louis (Missouri), emploie un autre système. A la partie supérieure de la boîte renfermant le générateur magnéto-électrique, se trouve une petite fente dont les dimensions sont juste assez grandes pour laisser passer une pièce en nickel de cinq *cents*. Le poids de cette pièce sert à établir la communication normalement interrompue entre le poste et le bureau central ; l'abonné peut appeler le bureau central et correspondre. Quand la conversation est terminée, le bureau central envoie dans le poste considéré un courant qui fait tomber la pièce de monnaie dans un tiroir-caisse placé au-dessous de la boîte contenant l'appel. Pour demander une nouvelle communication, l'abonné est obligé de remettre une pièce de nickel dans l'appareil. De temps en temps un employé du bureau central visite les postes des abonnés et encaisse la recette. Lorsque la communication demandée ne peut être donnée, le bureau central n'envoie pas de courant dans le poste et, au moment où l'abonné raccroche son téléphone, la pièce de monnaie sort par le fond de la boîte où se trouve l'appel ; l'abonné rentre donc en possession de son argent toutes les fois que ses ordres ne peuvent être exécutés, et de fait il ne paie jamais que les communications qui lui sont données.

Les appareils enregistreurs construits jusqu'à ce jour sont encore tellement compliqués que l'on risquerait fort, en les appliquant d'une façon générale, d'introduire dans le service une cause de dérangements très fréquents.

Le nombre total des postes téléphoniques actuellement en service peut être estimé à un demi-million ; l'Amérique représente à elle seule les deux tiers de ce chiffre.

La téléphonie à grande distance est encore dans la période d'essai. Cependant, le principal obstacle à son développement est d'ordre financier et non technique. Avec des microphones ordinaires et une bonne ligne en cuivre rien n'est plus facile que de causer sur une distance de plusieurs centaines de kilomètres. Mais les communications deviennent trop chères. D'expériences faites en Amérique il semble résulter qu'une distance de 100 à 200 kilomètres est la limite supérieure à partir de laquelle les lignes téléphoniques ordinaires cessent d'être rémunératrices. Entre autres lignes on a construit en Amérique une ligne reliant New-York et Chicago. La distance qui sépare ces deux villes est de 1990 kilomètres environ : c'est à peu près la même distance qu'entre Paris et Vienne. En employant le transmetteur double Edison on obtenait une bonne transmission lorsque le bruit produit dans les récepteurs par

l'électricité atmosphérique n'était pas trop considérable. Mais
la ligne avait coûté plusieurs millions de francs. En admettant qu'elle fut constamment occupée, nuit et jour, il aurait
fallu, pour rémunérer le capital engagé, prélever un droit de
six francs pour chaque minute de conversation. Si l'on songe
que les lignes téléphoniques ne peuvent être employées que
pendant une partie relativement courte de la journée, on
arrive pour quelques minutes de conversation au chiffre fa-
buleux de soixante francs. Et même à ce prix là il faut encore pouvoir compter sur une moyenne de cent communications par jour. Pour les transactions commerciales ordinaires, ce sont des prix excessifs, étant donné surtout que
l'on peut, avec une dépense dix fois moindre et presque
aussi rapidement, obtenir le même résultat, par le télégraphe.

On a souvent dit que le téléphone et le télégraphe étaient
fatalement appelés à se faire concurrence : l'exemple qui
précède est un argument précieux et montre bien dans
quel sens la question doit être tranchée. Pour les transactions locales et même dans un cercle de deux cents à cinq
cents kilomètres de rayon, le téléphone fera certainement
du tort au télégraphe et atteindra un développement, dont
celui-ci n'aurait jamais été susceptible. Mais, pour de plus
grandes distances, il semble que le télégraphe doive toujours
l'emporter ; rien ne permet, quant à présent du moins, de
prévoir qu'il puisse être supplanté. Loin d'être deux puis-
sances rivales, la télégraphie et la téléphonie se complètent
l'une l'autre, je veux dire par là que l'un de ces modes de
communication ne fait que rehausser le prix de l'autre.

V

L'ANNÉE INDUSTRIELLE

1re ANNÉE (1887)

Par MAX DE NANSOUTY

Ingénieur des Arts et Manufactures, Rédacteur en chef du *Génie civil*,
Secrétaire du Comité technique d'électricité à l'Exposition universelle de 1889.

UN BEAU VOLUME IN-18, ILLUSTRATIONS DE L. TISSERON

Prix, franco : 3 fr. 50.

---

*Électricité. — Construction. — Métallurgie. — Mines. — Mécanique.
Chimie et Physique. — Hygiène.*

EXTRAIT DE LA TABLE DES MATIÈRES

ARCHITECTURE — CONSTRUCTION

La tour Eiffel de 300 mètres. — Remplissage des parquets avec du sable. — Emploi de la tolle métallique dans la construction. — Les voûtes sans cintres. — Fabrication des portes en papier. — Les cheminées d'usines en briques. — La maison américaine incombustible. — La fabrication des tuiles en Hollande. — Dessication des bois pour l'ébénisterie — Cheminée d'usine en papier. — La plus haute cheminée du monde. — Fabrication de pierres-marbres artificielles. — La xylonite. — Parquet sur bitume. — Fabrication des pierres artificielles.

CHIMIE INDUSTRIELLE ET HYGIÈNE

Construction d'une glacière. — Vaniline et alizarine artificielle. Le miel d'Amérique. — Le champignon vénéneux de la morue salée. — Le sucre dans le tabac. — Le bordeaux verdissant. — Le cognac artificiel. — Imperméabilisation des vêtements. — Coloration artificielle des vins. — Les liqueurs d'importation. — Tout au pétrin !

PHYSIQUE INDUSTRIELLE. — VARIÉTÉS

Locomotive géante (*La Parisienne*). — Nouvel explosif (*Le Pyronome*). — Le sucre de sorgho. — La cuisson du plâtre. — Recherches de M. Le Chatelier. — Extraction de la quinine du goudron de gaz. — Emploi de la magnésie en papeterie. — Rectification des flegmes d'alcool par l'ozone. — L'industrie chimique et son avenir. — Le diamant de bore. — La fabrication de l'alun français.

TRAVAUX PUBLICS

Excavateur gigantesque. — Action des mortiers sur les tuyaux de plomb. — Un nouveau ciment. — Le tunnel sous la Manche. — Nettoyage mécanique des chaussées. — Bordures de trottoirs en blocs creux artificiels. — Le débit des puits. — Le sciage des pierres. Les plus fortes grues du monde. — Préparation du marbre artificiel. — Drague colossale.

L'ANNÉE INDUSTRIELLE

2ᵉ ANNÉE (1888)

Par MAX DE NANSOUTY

PRIX, FRANCO : 3 FR. 50

Électricité. — Construction. — Métallurgie. — Mines. — Mécanique
Physique et Chimie. — Hygiène.
Spécimen des figures de *l'Année Industrielle.*

Locomotive géante la Parisienne. Diamètre des roues, 2m30; poids vide, 38 tonnes; vitesse, 120 à 130 kilomètres à l'heure.